sendp⦿ints
善 本 文 化

U0611780

猫同住

铲屎官的幸福养猫指南

[日] 石丸彰子 著

[日] 今泉忠明 编

丁楠 译

南方传媒

岭南美术出版社

中国·广州

» 前言

　　你有没有这样的烦恼呢？和猫咪生活在一起，才发现很多事情"和想象的不一样"或是"完全没有想到会这样"。当下虽然推崇只在家里养猫的"完全室内饲养"方式，但是猫本就习惯于户外生存，被人类"请"进家门就闹出各种状况。我们往往因为它们大大的眼睛、一身柔软的毛发和可爱的举止，而忽略了猫是会捕猎老鼠等小动物的食肉动物，至今仍保留着一定的野性。因此，当生活空间移至室内，许多对猫来说理所当然的行为却成了人的麻烦。因为太不了解彼此的差异，有的人开始凡事以猫为中心而委屈自己，有的人则处处以自己为中心委屈了猫。怎样才能让双方都无须忍让，惬意地生活在一起？这便需要我们理解猫咪，为它们创造一些条件。

　　大家好，我是一级建筑师兼猫咪铲屎官石丸彰子，我住在一栋有着60年房龄的平房里。房屋经过改造，兼具居所和工作室的功能，也是我与5只收养猫咪一起生活的"平井猫之家"。在过去的6年多时间里，我在这儿认真思考了和猫在一起的生活，并将这些想法付诸实践。除了设计出适合人与猫共处的房间以及

思考如何做好一名铲屎官外，我还在猫咪救助活动中与超过一百只猫咪结下了缘分。

和猫生活在同一屋檐下，怎样才能兼顾猫的健康、安全和习性的同时，又能让人住得省心又舒心呢？答案就在我创作的这本《与猫同住：铲屎官的幸福养猫指南》里。书中不仅有一学就会的铲屎官秘笈，还有房屋修建、改造和DIY（自己动手制作）等可以让猫咪安居的方案。另外，我还邀请了今泉忠明先生，从动物行为学的角度为本书把关。

在我看来，与猫同住的理想状态，是人和猫咪能够互相尊重地"生活到一起去"。换句话说，猫咪可以在家里的多个区域之间自由来往，并按照自己的意愿接近或远离同居的人类。如果猫咪只待在猫咪的房间里，需要开门才能相见，或是终日让成年猫待在笼子里，就谈不上一起生活了。

与猫咪相遇并住在一起是难得的缘分，希望有更多人和猫咪能享受这种生活。本书源于我对猫咪的观察，但仍无法保证家家适用，毕竟"自家的崽"还是自家人最了解，若能为大家"改善自家环境"提供点启发，就再好不过了。

不想为了猫咪大费周章，但又想为它们做些什么，如果你是这样的爱猫人士，希望这本书能够帮助你和猫咪过上理想的同栖生活。

在"平井猫之家"生活的 5 只猫

小白 【 公猫/7岁/4千克左右 】

SHIRO

性情悠哉,很会照顾新来的猫咪,在 5 只猫中扮演爸爸的角色。虽然有些胆小怕事,却深受其他猫咪的信赖,是大家的领袖。曾在其他猫咪打架时担任"仲裁猫"。所有猫咪都给它舔毛。爱睡觉,尤其爱在太阳晒到的地方和人的肚子上睡觉。怕冷,讨厌空调。饭后容易呕吐,有时会突然变得没有食欲。和小黑是亲兄妹、好伙伴。

小黑 【 母猫/7岁/3千克左右 】

KURO

猫咪们的大姐头,经常"哈"别的猫。会用猫拳打别的猫,但不会对人类出爪。它会在别的猫看不见的时候跟人撒娇。是 5 只猫中最好客的那只。不论是跟人类还是跟其他猫咪,都会保持适当的距离。喜欢站在房梁上往下看。也喜欢午后的阳光。曾因压力过大而尿血,内心其实非常细腻。

奶牛 【 母猫/5岁/3千克左右 】

MONOCHRO

我们都叫它阿哞。它古灵精怪,絮絮叨叨(经常"喵喵"叫),以此引起人类的关注。喜欢有人逗它,喜欢你挠它的尾巴根。是 5 只猫中最健康的崽。每年总要通过在墙上尿尿的方式做一次标记。喜欢桌子下面,不喜欢和人睡在一起。在猫咪中间似乎没什么地位。很会惹别的猫咪不爽,比如埋伏它们。

斑点 【 公猫/5岁/4千克左右 】

SHIMA

会干一切你不想让它干的事。大概因为幼年期受过苦,对食物异常执着,会乱翻厨房、垃圾桶,还会开冰箱门。有异食癖,会咬塑料袋和布。有逃家倾向,夜里有时会大声嚎叫。是 5 只猫中最聪明的那只,运动能力也很强。它害怕生人,有人来家里做客时会躲起来。虽然喜欢别的猫咪,但又太不懂它们的心情,有时会因为靠得太近而被嫌弃。

三毛 【 母猫/4岁/2千克左右 】

MIKE

外号"阿三"。因为过去流浪的时候营养不良,个子小,食量也小。是 5 只猫中对气味最敏感的那只。大概是流浪时习惯了在土地里上厕所,容不得猫砂盆有一点味道。每次我们外出归来,它都会在玄关的猫砂盆里排少量尿液做标记。会尽心尽力地给其他猫咪舔毛。躺在人的大腿上时,也会先磨磨爪子,留下气味再睡觉。很会撒娇。

猫咪年龄和体重均为 2020 年的数据。

1

我与5只猫在『平井猫之家』的幸福生活

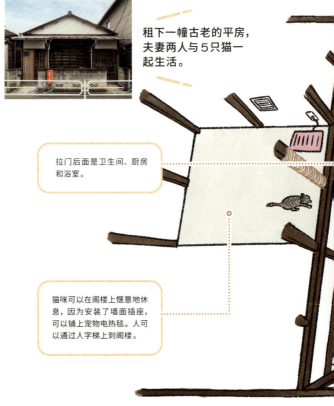

租下一幢古老的平房，夫妻两人与5只猫一起生活。

拉门后面是卫生间、厨房和浴室。

猫咪可以在阁楼上惬意地休息，因为安装了墙面插座，可以铺上宠物电热毯。人可以通过人字梯上到阁楼。

在我的居所兼工作室"平井猫之家"里，自由生活着5只自幼被我收养的猫咪。来家里拜访的人每每看到5只猫咪，都会说"你家好像猫咪咖啡厅一样"，然后忘记了时间，一待就是好半天。

当年租下这幢60年房龄的平房后，我得到房东的许可，对房屋进行了改造，让原本隐藏在吊顶上方的房梁露出来，从房梁上方连通了左右两个房间。猫咪们可以利用由猫台阶和书架组成的"猫架"，到达搭设在房梁之上的"猫步道"，在两个房间之间往来。虽说两个房间加起来只有40平方米，但对猫咪来说就像生活在一栋两层小楼里一样。我还在墙壁上和屋顶上抹了

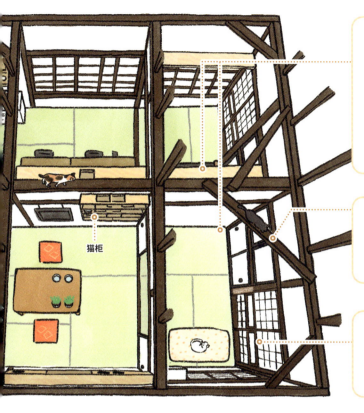

并排的两个房间，一个是"工作室"，另一个是"起居室"。人从玄关出入，或经走廊在两个区域之间通行。由于房梁上方是没有墙壁的，猫咪可以利用"猫架"——具有猫台阶功能的书架——到达房梁上方，自由往来于两个房间之间。

猫柜

有了房梁和书架上方的空间，猫咪就有了"二楼"，可以"全屋通行"，快乐地生活。（详见第94页）

工作室和起居室的玄关里都放了猫砂盆，拉门上安装了方便猫咪穿行的"猫小门"。（详见第65页）

白灰，既除臭又除湿。因为喜爱古风家装，我在家里铺了榻榻米，安装了传统的拉门，并想方设法将这些元素融入猫咪的生活中。对猫咪来说，怎样才是理想的居所呢？我在与猫咪的朝夕相处中时常思考着这样的问题。

我和猫咪的缘分是从收养小白和小黑开始的。为了让这两只还未断奶的猫咪活下来，我必须全力以赴，每隔三四个小时就给它们喂奶，帮它们排便，我们就这样自然而然成了"一家人"。后来，我们又迎来了迷路的小猫奶牛、斑点和三毛。我和丈夫，还有5只猫，我们生活在一起，组成了一个大家庭。

目 录

第一章

与猫咪幸福生活的 10条建议

第二章

从房间布局出发，思考如何与猫同住

第三章

与猫同住
基础篇
"养猫必备常识"

第四章

与猫同住
应用篇
"让生活更幸福"

4

第一章

与猫咪幸福生活的10条建议

和猫咪生活在一起，无论如何都是幸福的。而我们只需做出一点点改变，就能让这种生活变得更好。在这一章中，我列出了10个"与猫同住"首先应该留意的地方。做到了这10条建议，便是迈出了和猫咪一起幸福生活的第一步。

1 人和猫咪都不受委屈

猫咪与人之间很难用语言沟通，习性与习惯之间也有很大差异，若想惬意地生活在同一屋檐下，就需要我们理解并接纳这种差异。不需要一味地"为了猫咪"考虑，我们首先应该考虑的是怎样让自己舒服，这是人和猫咪都能快乐生活的前提。打造生活空间时，可以选择一些我们和猫咪都能使用的家具，这样一来两者就可以平等地、无须互相忍让地生活在一起了。

2 猫咪专用产品不一定是最好的选择

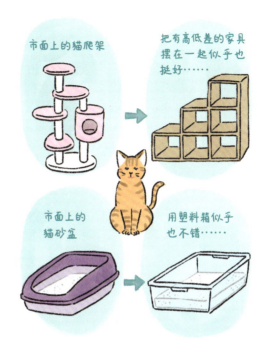

市面上的猫爬架

把有高低差的家具摆在一起似乎也挺好……

市面上的猫砂盆

用塑料箱似乎也不错……

市面上的猫咪专用产品大都做得很好，但这类产品通常是为"大多数猫咪"设计的，不一定能满足"自家猫"的个性需求。另外这类产品的颜色可能很鲜艳，和自己家里的氛围并不搭配，材料和形状也不一定符合我们的喜好。其实没有必要只盯着猫咪专用产品，把其他用途的东西拿来给猫咪使用也是一种选择，有时候这样反而更贴近生活。我们要灵活地看待这件事。

3 搞定猫毛问题，和猫咪永远在一起

猫毛过敏，其实是猫的唾液（过敏原）附在猫毛上引起的。人过敏主要是因为环境中的过敏原超出了人体的容许量，因此，长时间地和多只猫待在一起会更容易引起过敏。要想和猫咪一直生活在一起，就要重视猫毛的问题。家里的猫毛会像灰尘一样，聚集在家具的表面和房间的角落里，多花些心思把它们清理干净吧。

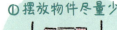

预防猫毛过敏的三个要点：

①摆放物件尽量少

②经常打扫

③使用恰当的工具

4

4 固定喂饭时间

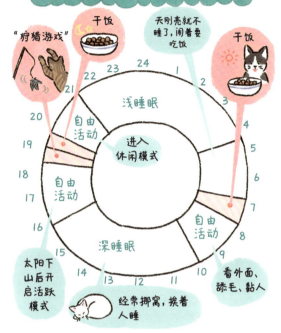

石丸家的猫咪作息表

"狩猎游戏"

干饭

天刚亮就不睡了，闹着要吃饭

干饭

浅睡眠

自由活动

进入休闲模式

自由活动

自由活动

深睡眠

看外面、舔毛、黏人

太阳下山后开启活跃模式

经常挪窝，挨着人睡

"干饭"是猫咪最大的乐趣，也是我们和猫咪之间很好的交流方式之一。很多人会选择一次性给猫咪倒很多猫粮，但是这样就错失了许多和猫咪"搞好关系"的机会。在固定的时间给猫咪喂饭，不仅能拉近我们和猫咪的距离，也方便我们管理猫咪的健康。如果你担心猫咪总是食欲不振，可以在开饭前陪它们玩"狩猎游戏"，或用猫咪喜欢的方式喂它们，把它们的食欲调动起来。

5

猫砂盆一定要合猫咪心意

猫砂盆是猫咪在家里生活时的必备道具。猫咪虽说是一种可以长时间忍着不排泄的动物，但在生理上还是需要天天大小便的。由于日本人的居住面积普遍比较小，能为猫咪准备一个舒畅如厕环境的人家并不多。猫砂盆摆放的位置不合适，或是猫砂选得不合适，都有可能导致猫咪随地大小便甚至是生病。你家猫咪有什么样的喜好呢？请根据自家的条件为它打造一个健康的如厕环境吧。

如厕体验最容易打折扣的3个地方

① 猫砂盆尺寸太小

② 猫砂盆摆放的位置不合适

③ 猫砂盆数量不够

6 多一些感官刺激，提高猫咪的生活质量

刺激源于这 3 方面

气味 动作 声音

猫咪们原本在户外过着自由自在的生活。如今虽然推崇"完全室内饲养"，但是为了让猫咪每天待在家里不觉得无聊厌烦，我们要尽可能地把户外的魅力带进室内，在"气味、声音、动作"这些能调动猫咪本能的方面予以它们适度的刺激。例如，窗户的作用并不只有"能看到外面"，在确保猫咪走不出去，也不会受到流浪猫影响的前提下，我们可以打开一点窗，让外面的空气流进来，让猫咪每天都能获得充实的感受。

7

不可以低估猫咪的能力

猫咪不仅拥有相当于3～5岁人类的智力，还拥有能一跃超过自己5倍身高的运动能力。换句话说，猫咪有着幼儿园小朋友一样的好奇心，又有着运动员一般的身体素质，因此它们总能干出一些让你意想不到的事情。为了解决猫咪运动不足的问题，排解它们的不良情绪，很多人会购置猫爬架，但我也常听说猫咪玩腻以后便对其视而不见。这时就需要我们多花心思，为它们多创造一些上蹿下跳的机会。另外，猫咪的聪明才智会让它们经常"翻箱倒柜"，一定要做好防范措施。

猫的智力相当于3～5岁的人类

绝对是个"闯祸精"

打开电饭煲

砰

打开柜子

哗啦

打开垃圾桶

啪

8 注意调节家里的温度

需要注意的是靠近地面的温度

空调

测量温度时也要贴近地面

猫咪觉得舒适的温度是 20～28 摄氏度。大多数猫咪都是既怕冷又怕热的，而且每只猫咪对室温及冷气、暖气的喜好都不一样。哪里温度适宜又通风好，猫咪可以很快知道，而且专爱找这样的地方待着，不过，它们有时候还是会因为室内的温度变化而生病。因此，尽量让家里的每个地方都保持适宜的温度吧。如果住的是老房子，可以尽量提升隔热（冷）性，让屋里既不太冷也不太热。如果住的是新盖的房子或公寓，猫咪可能会因为家里太热而中暑，一定要小心。

9 可以多养，但最好不要超过3只

很多人向往被猫咪包围的生活，结果一不留神就养了好多只。动物行为学家指出，家里猫咪的数量超过3只的话，通常就会有一只受到排挤。另外，即使是多年来和睦相处的几只猫咪，也可能因某件事突然把关系搞僵。如果眼下家里刚好有3只猫咪，我强烈建议不要再多养了。如果已经超过3只，请你留意猫咪们的关系并积极调解，以免它们搞出乱子来。

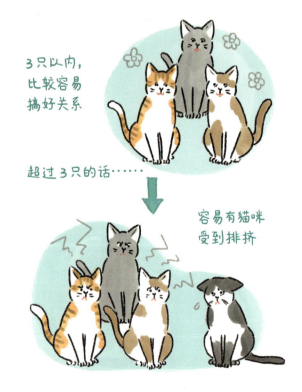

3只以内，比较容易搞好关系

超过3只的话……

容易有猫咪受到排挤

10

10 让猫咪多接触陌生人

"家养的流浪猫"这个词用于形容那些还没有学会跟人类亲近的猫咪，但如果猫咪一直是这个样子，同栖生活就难以继续了。让猫咪渐渐习惯和人类待在一起，首先从同居的人开始，然后慢慢发展成有外人来家里做客时猫咪也不会躲藏起来，虽然会和客人保持距离，但仍能同处一室。要让猫咪多和外人（社会）接触，而不是停留在只对饲主敞开心扉的孤立状态，这也是我们作为铲屎官的责任。平时多接触外人，等到需要去宠物医院或是遇到灾害的时候，猫咪就不会那么紧张了，我们也可以省不少力。

专栏 ❶

作为猫咪的室友应该了解猫咪的『五感』

为了更好地思考"怎样与猫咪一起生活"，我们也需要了解一下猫和人类在"五感"上的差异。

猫的嗅觉非常灵敏，其嗅细胞的分布面积大约是人类的十倍，这让它们可以闻到我们察觉不到的气味。猫咪们会通过气味确认彼此的存在，也会把自己的气味蹭在四周作为标记。

猫的听觉同样十分灵敏，它们可以把耳朵从正前方转到背后，并且可以分别活动两只耳朵来寻找声音的来源。

另一方面，猫的静态视力并不算好。它们平时看东西就像近视的人一样，只能看到模糊的轮廓。但猫的动态视力却格外优秀，凡是运动中的物体都逃不过它们的眼睛。另外，在黑暗中，猫只需借助微弱的光亮就能看清周围的世界。据说猫可以分辨蓝色和绿色，却无法分辨红色，因此不管猫粮是红色的还是褐色的，在它们眼中都没有区别。猫咪如今拥有的嗅觉、听觉和视觉，是为了更好地捕捉猎物、识别地盘以及与同类沟通而进化出来的。

触觉方面，猫咪手脚（准确地说是前爪和后爪）上的肉垫是很敏感的，身体上由于长满了毛，并没有那么敏感。相比人类，猫的身体更不怕接触烫的东西，但它们有时会因疏忽大意而被烫伤。此外，猫的胡须具有传感器的功能，可以敏锐地捕捉周围的风吹草动。

猫的味觉比我们想象中的迟钝些。有研究指出，特殊的味觉取向让猫咪的舌头能识别出肉里的氨基酸，但识别植物性碳水化合物的能力要劣于人类。猫咪能尝出酸、苦、咸，但对甜味似乎无感，大概是因为在野外生存，对猎物的味道不能太挑剔。可是话又说回来，不需要捕猎的家猫却对食物有着各种挑剔，不但会过敏，还经常厌食。

第二章

从房间布局出发，
思考如何与猫同住

猫是一种会上蹿下跳的动物，因此在布置
猫咪的生活空间时，也要从三维的角度去
考虑才行。然而对于不习惯使用三维视角
的我们来说，这确实是一个难题。不如先
从二维的户型图出发，一点点构建猫咪的
立体居所吧！

第一步是重新审视自己的家

房间有被很好地利用起来吗？

漫步街头

2500m²

50m

50m

↓

蜷缩家中

100m²

10m

10m

以住房面积为100平方米为例，相比生活在户外的猫咪们，家猫的活动范围缩小到了1/25。

现代人养猫推崇"完全室内饲养"。原本出入自由的猫咪，真的能满足于成天在家的生活吗？有研究指出，一只母猫在户外的活动范围大约为50米见方，也就是2500平方米，而一只处在发情期的公猫活动范围可达到14500平方米。相比之下，2018年日本人的平均居住面积，独栋住房约为127平方米，公寓约为51平方米。我居住的"平井猫之家"，将居室部分和工作室部分合起来也只有大约40平方米。这么小的空间里挤着两个人和5只猫，这与户外的广阔天地肯定是无法相比的。我只好在房间布局和对立体空间的应用上多做文章：把房梁和阁楼利用起来，尽可能地扩大猫咪的生活空间与活动范围。

14

【调整房间布局之前需要思考
家里能否招待客人】

家里东西太多，猫咪不见踪影

家里东西太多的话，经常会找不到猫咪，因为猫咪天生喜欢狭窄阴暗的地方。但如果遇到紧急情况或是需要去宠物医院，猫咪躲在什么东西后面叫不出来，或是什么东西倒塌导致救不出来，就难办了。所以家里的东西不能太多，至少要让人知道猫咪藏在哪里。

过去的日式房屋，在地板上铺上被褥就是卧室，放一张矮桌就是餐厅。同一间屋可以有多种用途，而且屋里很少堆放东西，随时可以请人来家里做客。另外走廊和玄关也都很宽敞，如果你想去别人家串门，也不需要有太大顾虑。后来随着西化加剧，人们家里的东西越来越多，导致越来越多的人家里想"增加成员"都难了。人类从外界接收到的信息，据说有八成是依靠视觉，家里东西太乱，其实很容易让人感到烦躁。如果你给猫咪拍了照片却发现"背景太乱，发不到网上去"，就要引起注意了。万一猫咪被什么东西困住走不出来，遇到灾害时会非常难办。为了让猫咪住得舒适，我们应适当减少家里的物品——至少以"能让客人来串门"为目标，让家里变得敞亮起来。

15

从常见的房间布局看自家的问题 ①

公寓
（单身公寓）

1人+1猫

带厨房的单身公寓和普通单身公寓是单身人士租房的常选户型。一个人和一只猫住在一起，面对狭小的空间和主人经常外出等情况，怎样布置才能让猫咪住得舒适呢？

改善前

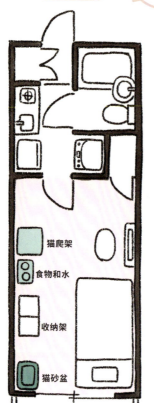

猫爬架

食物和水

收纳架

猫砂盆

烦恼和问题点

· 房间狭小

· 猫砂盆只能放在卧室

· 猫咪习惯了户外生活，整天独自待在家里会感到很无聊

⠿ ：猫咪的活动范围

◯ ：水

▭ ：猫抓板

▣ ：猫砂盆

对策和改善点

1 把走廊利用起来

空间有限，所以更要为猫咪开辟出多样的活动区域。没有什么比一条走廊和几个藏身处更适合"狩猎游戏"了。厨房里的刀具等危险物品一定要收好。记得把水放在走廊里。如果担心猫咪从玄关跑出去，至少主人在家时把走廊和卧室之间的门敞开。

2 猫砂盆放在下风处

许多人把猫砂盆放在窗边，但不开窗时异味就会闷在屋里。由于要靠浴室或卫生间的换气扇排气，猫砂盆最好放在卧室靠近换气扇的一侧。如果使用封闭式猫砂盆，将入口面对墙壁可以减少猫砂飞溅，但猫砂盆不要紧贴墙壁，以确保不影响猫咪进出。

3 猫爬架放在窗边

阳台的护栏往往会挡住猫咪从窗口张望的视线。这时把猫爬架放在窗边，猫咪就能俯瞰窗外的风景了。再给窗户装上猫栅栏，顺便打开让猫咪感受一下户外空气带来的嗅觉刺激吧。猫爬架旁边摆几件家具，还能为猫咪搭建出不同的活动路线。

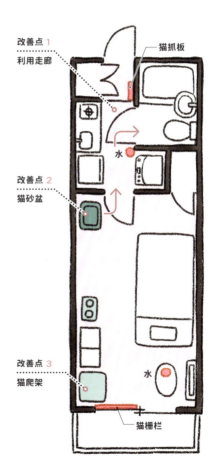

改善后

改善点 1
利用走廊

猫抓板

水

改善点 2
猫砂盆

改善点 3
猫爬架

水

猫栅栏

17

从常见的房间布局看自家的问题 ②

公寓
（一室一厅）

2人+1猫

改善前

带厨房和起居空间的一室一厅公寓是一个人或两个人生活通常会选择的户型，不论是租房还是买房，这种布局都是最常见的。因为有了单独的卧室，家里多了沙发等家具，与猫同住的烦恼也随之增加。

烦恼和问题点

· 厨房的墙板被猫咪当成了猫抓板
· 水池被猫咪搞得一团糟
· 床上有太多猫毛

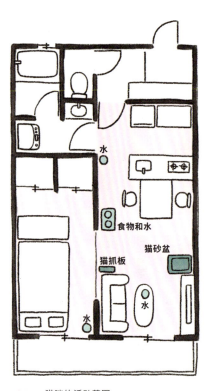

水

食物和水

猫砂盆

猫抓板

水

水

　：猫咪的活动范围
○：水
▭：猫抓板
▢：猫砂盆

对策和改善点

1 用新的猫抓板 转移猫咪的注意力

房门附近有各种气味进进出出，猫咪会不自觉地想要用爪子留下标记，尤其是厨房的墙板，由于装在拐角处，对猫咪来说格外显眼。在厨房附近装几块猫抓板即可。

2 教会猫咪哪些地方不能去

不想让猫咪蹿上去或触碰的区域，可以放置一些贴了双面胶的硬纸板。这样一来如果猫咪跳上去，脚上的肉垫就会粘上胶，猫咪会因此将这些地方视为"讨厌的地方"，渐渐地就不去了。另外，不要在这些区域（如厨房）附近放置能让猫咪爬高的家具（如桌子）。

3 把猫窝放在床头

猫咪特别会找舒服的地方，喜欢爬上主人的床，是因为那里舒服。有的猫咪会觉得跟主人一起睡觉更踏实，其实只要为它们准备一个更舒适、更暖和的猫窝，它们就会自然而然地转移到那边去。在猫窝下面放一块宠物电热毯，再铺上猫咪专用的毛毯，猫咪十有八九会睡在那里。

改善后

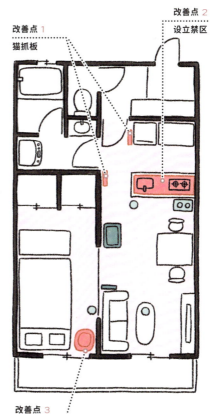

改善点 1
猫抓板

改善点 2
设立禁区

改善点 3
猫窝

从房间布局出发，思考如何与猫同住

【 从常见的房间布局 看自家的问题 ③ 】

公寓
（三室一厅）

3人+2猫

改善前

带厨房和起居空间的两室一厅或三室一厅公寓一般适合两个人或三口之家居住。因为家里的东西变多了，如果再住进来1～3只猫，生活空间就会显得局促。改变这种状况的秘诀，就是给起居室里的猫砂盆换个位置。

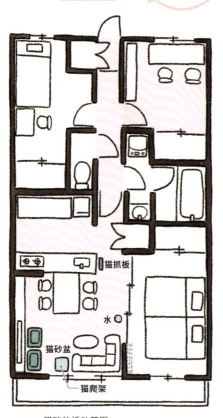

猫抓板

水

猫砂盆

猫爬架

烦恼和问题点

· 猫咪们活动的声音可能有点吵

· 猫砂盆的味道让人介意

· 想开窗通风，又担心猫咪逃走

: 猫咪的活动范围

◯ : 水

▭ : 猫抓板

▢ : 猫砂盆

对策和改善点

1 更换地板材料

可以改用具有吸收冲击力或消音功能的地板材料，也可以在猫咪经常通过的地方铺设拼接地毯或软木砖。这样不但可以减少噪声，还有防滑效果，可以缓解地面对猫咪腿脚造成的负担。

2 把猫砂盆转移到通风的地方

最好把猫砂盆放在通风的房间（卫生间、洗漱间），不过很多时候条件并不允许。改善的方法是把猫砂盆挨着通风的房间放，或者在墙上留出用于换气的通风口（只有空气能通过）。另外，墙面可以选择有除异味功能的装修材料。

3 防止猫咪逃走的措施要做好

猫咪从公寓阳台掉落的事故时有发生。无论是住在高层还是低层，都应做好防护措施，给窗户装上猫栅栏（封窗）。鉴于曾有猫咪破坏纱窗后逃走，因此只装纱窗是不保险的。

改善后

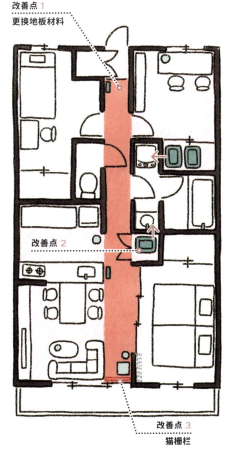

改善点 1
更换地板材料

改善点 2

改善点 3
猫栅栏

21

【 从常见的房间布局 看自家的问题 ④ 】

独栋住宅通常以带厨房和起居空间的三室一厅或四室一厅住宅为主，特别是在市内的人口密集区，图中这种三层的木结构房屋是最常见的。因为是多层建筑，平时可以利用上下楼增加运动量，但是相应的，每个楼层的空间都比较小。如此紧凑的户型，若想让人和猫咪都住得舒服，一定要在立体空间上下功夫。

独栋住宅
（三室一厅）

4人+3猫

改善前

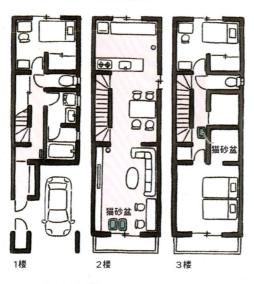

1楼　　2楼　　3楼

烦恼和问题点

- 猫砂盆不知该放在哪个楼层
- 猫咪容易从玄关逃走
- 起居室里永远挤满人和猫

　　：猫咪的活动范围

　：水

　：猫抓板

　：猫砂盆

对策和改善点

1 猫砂盆可以放在收纳空间里

猫砂盆的理想数量是"猫咪的数量+1个"。家里有3只猫的话，准备4个就最理想了。可以在一楼和三楼各放两个。最好能在猫砂盆旁边安装换气扇或开辟通风口，以免异味滞留。猫咪老了以后，上下楼会比较困难，要在它的主要生活楼层至少放置两个猫砂盆。

2 在玄关里加一道门

很多被收养的流浪猫都有跑出去玩的想法。可以在玄关增加一道门，创造出一个户外与室内的缓冲区域，这样就放心多了。可以选择防护门（栏），以便通风换气。

改善后

改善点 1
猫砂盆

改善点 2
防护门

改善点 1
猫砂盆

1楼　　　2楼　　　3楼

改善点 3
猫步道

3 在起居室里安装猫步道

可以在1～3面墙壁上安装猫步道和猫台阶，充分利用起居室的顶部空间，方便猫咪立体地使用房间。哪怕只是开放家具的最上面一层，猫咪的生活空间也会增加不少。

【 从常见的房间布局 看自家的问题 ⑤ 】

独栋住宅
（四室一厅）

3 人 + 4 猫

改善前

2楼

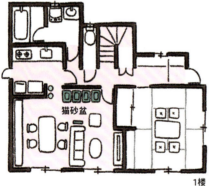

猫砂盆

1楼

：猫咪的活动范围
○ ： 水
▭ ： 猫抓板
▣ ： 猫砂盆

图中这种两层的木结构房屋大多建在市郊。如果是近些年新盖的房子，楼梯很可能位于房子的中央，但老房子的楼梯一般在北面，和上下睡房相连。家里的孩子如果已经开始独立，原本属于孩子的房间就空出来了，不妨将这部分空间有效利用起来。

↙独立

烦恼和问题点

· 猫咪经常从楼梯的扶手上掉下来

· 家里有很多猫咪，但不想把它们固定关在一间屋里

· 猫咪会跑进厨房，给人添乱

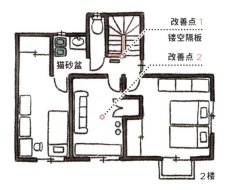

对策和改善点

1 在楼梯的扶手上安装镂空隔板

如果楼梯中间没有隔墙，猫咪爬在扶手上时可能会掉下来，很危险。特别是掉在下面的台阶上，由于不好着地，很可能会受伤。可以在扶手上安装镂空的隔板，或是拉上网，这样便能有效防止意外发生了。

2 增加和猫咪一起生活的空间

可以把孩子独立后空出来的房间利用起来。以二楼中间的那间屋为例，拆掉面向走廊的墙壁后，就可以把这里打造成第二个起居空间了，二楼一下变成了晒太阳的好地方。对猫咪来说，多了一间屋子就是多了一种情调。

3 改造封闭式厨房

对猫咪来说，厨房里存在着太多危险。特别是当家里有好几只猫，一起冲进厨房，一眼没看住就可能发生意外。可以把厨房改造成独立空间，让猫咪进不来，这样人也就不需要提心吊胆了。厨房门口可以装一扇防护门（栏）或玻璃门，让猫咪能看见屋里的情形，这样一来猫咪因寂寞而挠门的情况也会减少。

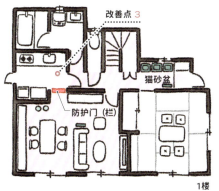

改善后

改善点 1
镂空隔板
改善点 2
猫砂盆
2楼

改善点 3
猫砂盆
防护门（栏）
1楼

家是和猫咪的共享空间

委屈了谁都是不可取的

首先由人制定规则

与猫同住，是从把猫咪迎进家，和它"共享"同一空间开始的。家不是大号的猫笼子或避难所，也不是猫咪的专用住宅，而是人与猫一起生活的"共享居所"。既然是共享，就要有共享的规则。就像我们与人合租时不能拿自己的电饭煲和微波炉独占公共厨房，或是住在家里时每天早上要根据每个人的出门时间和洗漱时长来决定谁先洗漱，人与猫生活在一起，也需要双方在规则上达成共识。在这个问题上，猫咪之间当然也有它们的规则，不过首先我们应该站在人的立场上，以不委屈自己为前提，制定出一套属于人的规则。

【 规划好猫咪的 活动范围 】

对猫咪来说有危险的地方

包括玄关外面、阳台上、窗户外面、厨房里、浴室里（有水的浴缸）、洗衣机旁（猫可能会钻进洗衣机）、车库，以及人踩着椅子也够不到的高处。

猫咪容易闯祸的地方

卧室（不想和猫咪一起睡的话）、卫生间（会弄乱手纸）、衣柜（不想衣服沾满猫毛的话）、摆放有易碎品和贵重物品的房间、容易被猫咪乱翻的东西附近（垃圾桶、食材、猫砂、塑料袋等）、容易被猫咪用尿液标记的地方。

猫咪会认为"人能去的地方就是自己能去的地方"，而且对自己地盘上的（也就是家里的）"每个角落"都充满了好奇，所以即便是那些你不想它们去的地方，它们也会毫不在意地想去就去。这些"不希望猫咪去的地方"可以分为两类。第一类是"对猫咪来说有危险的地方"，但凡是人类的小宝宝独自行动时可能会受伤甚至是遇到生命危险的地方，都属于这一类。第二类是"猫咪容易闯祸的地方"，"闯祸"的概念可能因人而异，但即使猫咪不是故意的，有些地方去了以后就是很容易惹出乱子。比如桌子上、椅子上、柜子上，这些台面在猫咪眼里就是"地面"，而周围摆放物品的价值，在它们看来无关紧要。鉴于此，我们要做的就是规划好猫咪的活动范围，并用门将其隔开，让猫咪知道哪里是不能去的。

27

改变家具的位置，
为猫咪创造出高低差和更多活动空间

只需给家具挪个位置，
空间就会大不一样

改善前

改善后

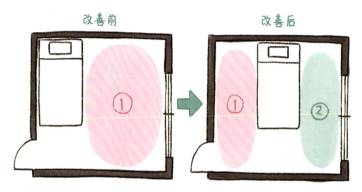

把靠墙的家具挪到屋子中央，对猫咪来说就产生了家具的"这边"和"那边"两个截然不同的空间。

规 划好猫咪的活动范围以后才发现，那地方原来这么小。在户外生活时，猫咪们可不光是在地上行走，它们会在绿化带里穿行，在矮墙上散步，它们利用街道的方式是立体的。如今生活空间虽然搬到了狭小的室内，但是比起空荡荡的大屋子，还是错落有致的房间布局更能让猫咪感到开心。既然如此，我们不妨想象一下猫咪眼里的家是什么样的，然后调整一下家具的位置，创造出高低落差，让猫咪的生活空间多样化。调整过后，一些地方呈现出了不一样的风景，一些地方则被挡住了，变得不容易被看到，而这正是我们的意图所在：给喜欢低处和躲藏的猫咪创造出藏身处，给喜欢登高的猫咪创造出可以爬上爬下的复杂地形。

在猫咪眼中，家具是"街角处的房屋"

猫咪围着家具走，大概就像我们走在街角处房屋脚下的感觉吧。从家具的一角拐过去，眼前又是一片不一样的风景。

充分利用家具的高低差

如今越来越多的住宅采用嵌在墙壁里的壁柜，选用衣柜这种高大家具的家庭越来越少了。我们在家里摆放床铺、靠背沙发、桌子、碗柜、冰箱、书柜和电视柜时，可以留意一下高低差，有意识地创造出可供猫咪行走的路线。

但不论怎样摆放，如果人在生活中使用起来觉得不方便的话就本末倒置了。此外还要考虑是否容易打扫、是否卫生等问题，在此基础上创造出人与猫咪都能舒适生活的居所。

29

与猫同住
铲屎官的幸福
养猫指南

专栏❷ 成长环境会影响猫咪的性格

猫咪在哪里长大？

我家的5只猫，在幼猫时期就被我收养了。每个人与猫咪相遇的方式不尽相同，有的是通过猫咪保护组织确立了收养关系，有的是流浪猫自然而然在家里住下了，此外肯定也有从宠物店或繁育者那里领养纯种猫的情况。日本人饲养的猫咪，据说百分之八十是非纯种猫，而且多数曾经是流浪猫。虽然不排除有个体差异，但猫咪的性格多少会受到成长环境的影响。下面就让我们来看看流浪猫和纯种猫之间可能存在的性格差异吧。

第一，流浪猫。在不同年龄段被收养的流浪猫，性格上会表现出微小的差异。如果是断奶前（大约一个月大）收养的，由于喂奶和协助排便的工作都是人类代替猫妈妈完成的，幼猫会非常亲人。因为从"还是一张白纸"的时候就跟人类住在一起了，它们极少在家里惹出麻烦。如果是在一到两个月大被收养的，幼猫已经断奶，逐渐开始发展出个性，但是对人类的抵触不大，很快就能适应人类和家里的环境，因此同样很少惹祸。不过，如果是三个月大以后被收养的，幼猫的自主意识已经非常明确，也拥有了在户外艰难求生的经验，被收养后往往残留着野性。

对于成年的流浪猫，猫咪保护组织基本上会采取的做法是捕获后进行绝育手术，再放归到原有栖息地，可见，成年流浪猫是很难与人类开始新生活的。野性尚存的猫咪有很强的逃家意识，它们会弄乱垃圾桶和食物、不停嚎叫，与人类也并不亲近，往往无法适应家里的生活。另外，一只"作乱"的猫咪还会带坏其他猫咪，而且猫咪一旦学会某种行为就会不断重复，让麻烦事件不断上演。如今越来越多的人开始收养流浪猫，但我们不能只看到好的一面，还要清楚地认识到猫是一种残留着野性的动物，收养猫咪时不能只看外表，要在充分了解其性格和成长阶段之后再做决定，只有这样才能让我们和猫咪都过上幸福的生活。

纯种猫

从宠物店或繁育者手中领养的猫咪通常都比较亲人，但过早地离开兄弟姐妹可能导致猫咪在社会化方面有所欠缺。

流浪猫

刚出生的幼猫、3个月大的幼猫、发育成熟的成猫——在不同阶段收养的流浪猫，性格会有差异。越是在严酷环境中长大的猫咪，性格中的野性成分越大。

　　第二，纯种猫。纯种猫由于成长在有人类的环境里，对人类早已习以为常，也很少会因野性而"作乱"。然而，如果纯种猫从小就被摆放在宠物店里，由于本应和猫妈妈及兄弟姐妹一起度过的社会化时期只能独自度过，和人类亲近互动的时间也比较少，可能会表现出咬人不知轻重、不懂得如何与人类及其他猫咪相处的问题。相比之下，在繁育者身边或者和猫妈妈及兄弟姐妹一起长大的猫咪，基本上都是具备社会性的。另外，纯种猫容易患有某些特定的严重遗传疾病，这也是我们在饲养前应该了解的。对于家有纯种猫的人来说，一个常见的情况是，在饲养第二只猫时选择了流浪猫，但由于两只猫在性情上差异较大，导致相处不融洽。流浪猫中也有纯种猫，而它们被遗弃的原因可能就是脾气暴躁。

　　与猫同住不能只看猫咪的外表或跟随潮流，为了在今后的许多年里都能和猫咪幸福地生活，选择猫咪时一定要从我们自身的生活方式出发，这一点才是最重要的。

猫咪的4大必需品一定要合理摆放

放在一起不行吗？

正能量物品

猫窝

食盆

尽量拉开距离

稍微近一点也可以

尽量拉开距离

负能量物品

远离！

水碗

猫砂盆

说到猫咪的吃饭问题，如今在日本，猫咪的主流食物是猫粮，但在过去，猫咪主要是以家附近的老鼠等小动物为食。猫咪在吃捕到的猎物时，猎物流出的血液会弄脏周围的地面。猫咪因为不想弄脏自己睡觉和喝水的地方，通常会在远离这些区域的地方进食。考虑到猫咪的这种习性，猫咪的食盆应该尽量与水碗和猫窝分开来摆放。另外，嗅觉灵敏的猫咪不喜欢猫窝和食盆这些"开心的地方"与"不干净的地方"离得太近，因此，猫砂盆要放得离这些东西远一点。总的来说，在家里摆放食盆、水碗、猫窝、猫砂盆这4件猫咪的必需品时，相互之间尽量拉开距离就对了。

"饭"要在不受打扰的地方踏踏实实地吃

在墙角或有包围感的地方进食

如果家里有超过一只猫，猫咪可能会担心自己的食物被别的猫吃掉，或吃饭时被别的猫打扰。给猫咪找一个既安静又不会被打扰的地方，让它踏踏实实地吃饭吧。如果家里只有一只猫，猫咪同样不喜欢在进食时一直被人盯着看。有的猫咪一旦感到不自在了就会放弃进食，作为主人的我们还是为它们创造一个放松的进食环境吧。

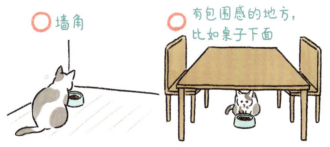

○ 墙角

有包围感的地方，比如桌子下面

然条件下，猫咪捕到猎物后会在各种各样的地方进食，因此，即使我们频繁改变投喂场所，比如一天中的早晚两顿饭都不在一个地方吃，猫咪们也是不会介意的。我们家的投喂场所基本是固定的，但猫咪们会根据当时的心情自主选择进食场所。另外，猫咪都喜欢在安静的地方进食，这是因为它们在捕到猎物后不希望被外界打扰。我们家给猫咪吃鸡肉的时候，就有猫咪叼着鸡肉躲起来自己吃，然后你会发现它选的是一个远离家电噪声、不容易被发现也不容易被打扰的地方。家里有超过一只猫的话，可能会因为进食速度不同，或是有的猫咪需要添加药膳而分房间吃饭。总之，吃饭这件事是要根据猫咪的个性多花心思的。

【 "水"要放在猫咪经常
通过的地方 】

让猫咪在无意间发现旁边有水

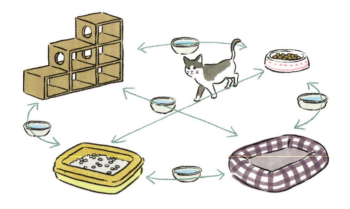

水可以放在猫窝和食盆之间，或是猫步道和猫砂盆之间这些猫咪经常通过的地方，让猫咪路过时偶然发现有水，然后顺便喝上几口，或是想喝的时候直接去喝。关键是要增加猫咪遇到水的机会。

猫是一种不怎么喝水的动物，但很多人希望自己家的崽能多喝点水。要想让不爱喝水的猫咪多喝水，花点心思是必不可少的。很多人家里只有一个猫咪饮水处，但就算家里只有一只猫，也要为它准备多个饮水处。关键是要让猫咪在"想喝水"的时候能随处"遇到水"。比如可以在猫窝和猫砂盆之间、猫砂盆和猫咪喜欢的窗户之间这些猫咪经常通过的地方，每隔一段距离设置一个饮水处。另外，水不一定要放在地上，在柜子上放一个盛水的容器，也可以是一个饮水处。放在高一点的地方还不易落灰，其实更卫生。

猫砂盆要放在
人常去的地方

放在人既能看到又安静的地方

洗漱间和卫生间里一般都很安静，猫咪可以踏踏实实地上厕所（旁边最好没有洗衣机）。尤其是卫生间，由于人去得比较勤，顺便"铲屎"也会比较方便。

如果放在太窄的地方，清理起来会不方便。周围的空间是否足够大、是否能把猫砂盆拉出来清理，这些都很重要。另外，家里最好能有一个囤放猫砂的地方。

任何一种动物，在上厕所时都是无法保护自己的，因此需要一个能安心上厕所的地方。家里的猫砂盆最好放在不容易被人类及其他动物看到的地方，这样不但照顾了猫咪的需求，家里也会显得更美观。不过也不要放在角落里，否则平时看不到容易忘记清理，放在我们能顾及的地方吧。家里若能有一个囤放大包猫砂的空间就更好了。另外，猫咪在总有声响的地方是无法安心上厕所的，有的猫咪就因为在上厕所时受到大声惊吓而落下心理创伤，变得无法正常排泄。因此，猫砂盆不能放在洗衣机和带自动清洗功能、会突然启动的马桶旁边，也不能放在靠近通道的地方，给它找个尽可能安静的地方吧。

【 把猫咪经常待的地方 打造成舒适的"寝床" 】

猫咪觉得舒服的地方是？

【全年】
柔软、有一定包围感的地方，安静、温度适宜、不会被人或别的猫打扰以及吹不到空调的地方。

春

夏

一年四季

秋

冬

【夏天】
凉快、通风的地方，周围没有人和别的猫，能独自待着的地方。

【冬天】
暖和、能晒太阳的地方，能蜷缩起来靠近人和其他猫咪的地方，暖气跟前、有地暖和电热毯的地方。

在找个舒服地方睡觉这方面，猫是专家，它们永远知道哪里舒服且适合睡觉。在猫咪经常睡觉的地方铺上猫窝或触感柔软的毛巾，它们会非常高兴。猫也喜欢在人的床上和被子上睡觉，但会留下许多猫毛，导致我们过敏，因此需要经常清洗床单被褥，或用滚筒粘毛器和吸尘器打扫。特别是到了冬天，猫咪为了取暖经常趴在人的身上睡觉。在我看来，冬日每天都被总重量超过15千克的5只猫咪压着睡简直如"酷刑"一般。为了大家都能睡个好觉，有时候分开睡也是有必要的。我会把猫窝放在床头，下面铺上宠物电热毯，这样就不至于5只猫全都压着我睡了。

留意视线高度，
和猫咪关系变得更好

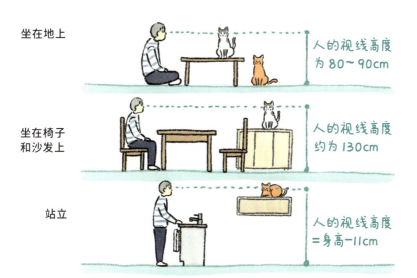

坐在地上 ——— 人的视线高度为 80～90cm

坐在椅子和沙发上 ——— 人的视线高度约为 130cm

站立 ——— 人的视线高度=身高-11cm

在 猫咪看来，比自己体形大得多的人类是很可怕的。为了让猫咪更有安全感，我们要想办法让自己的视线高度与猫咪平行。如果能在人常待的地方开辟出猫咪的行走路线，再放上猫窝，让彼此的视线高度保持一致，那么彼此的心也会很快拉近。如果你习惯坐在地上，那么就算不去刻意拉近距离，我们的视线与大多数时候都待在地上的猫咪也是接近的。如果你习惯坐在椅子上，只要有一条可供猫咪行走的沙发背，猫咪就能随时待在你的脸旁边了。如果你习惯坐在写字台前，那么只需在桌面上腾出一块地方，让猫咪坐在那里、睡在那里就好了。另外，人在厨房里时，如果能有一块地方让猫咪从近处看到里面人的活动情况，猫咪会非常开心。不过，这些给猫咪准备的"台面"不可以放得太高，否则猫咪会变得警惕起来，在心里也就和你不那么亲近了。

专栏❸

每种猫都有其独一无二的特点！和高人气品种的猫咪同住时应注意什么？

国际爱猫联合会（The Cat Fanciers' Association, INC.）是一个专门为猫咪颁发血统证书并会定期举办猫展的非营利机构。据其表示，全世界目前共有45个已获得认证的猫咪品种。猫咪的品种是通过品种改良诞生的，每个品种都拥有固定的外貌特征，如独特的毛发长度、四肢长度、耳朵和鼻子的形状等。和狗狗比起来，猫咪的品种相对较少，不同品种间的体形差距也没有那么悬殊，不过，在和特定品种猫咪同住时，有些问题需要我们额外关注。在这里，我将以9种高人气品种猫咪为例，谈一谈它们都在哪些方面需要我们的特殊关照。

苏格兰折耳猫 ⋯⋯⋯⋯⋯⋯

耳朵弯折，腿短，运动量小。

▶ **同栖时的注意点**

苏格兰折耳猫易患关节炎，从高处落下时有骨折的风险，因此家里最好不要摆放猫爬架。一定要摆的话，就选个低一点的吧。

俄罗斯蓝猫

喜欢稳定的环境，不适合有小孩的家庭饲养，也不适合养在吵闹的地方。

▶ **同栖时的注意点**

俄罗斯蓝猫大多不能适应环境变化，如果家里需要改建或长期施工，请务必注意噪声问题，猫咪可能会在施工后的几个月里变得脾气暴躁。

孟加拉猫 ⋯⋯⋯⋯⋯⋯

孟加拉豹猫（亚洲豹纹猫）与家猫的杂交品种。野性较强，运动量大，叫声也很大。但对同栖的人类十分友好。

▶ **同栖时的注意点**

家里需要有足够大的立体空间，以便它们发挥强大的运动能力。由于叫声很大，可能需要做好隔音措施。

挪威森林猫、缅因猫

长毛的大型猫。擅长捕鼠，运动量极大。缅因是世界上体形最大的猫种。

▶ **同栖时的注意点**

考虑到它们的体形、体重，家里的猫步道和猫台阶需要加宽加深，并增加承重能力。家里还要有足够大的空间让它们尽情活动身体。

波斯猫

蓬松的长毛，塌鼻子，短腿。运动量小，极其温顺。

▶ **同栖时的注意点**

因为毛太长，家里铺木地板容易滑倒。因为生性不好动，不太需要安装猫步道和猫台阶。波斯猫是使用舌头的后半截吃饭的，因此进食时容易把猫粮弄洒。

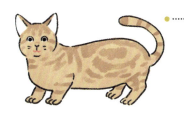

曼基康猫

腿极短，却拥有与体形不相符的弹跳力，可以一跃跳上桌子和厨房的台面。性格大多胆小。

▶ **同栖时的注意点**

因为走动时对腰的负担较大，猫台阶的落差要小一些（15厘米左右）。由于性格胆小，不喜欢高处，即使安装猫步道也应装在低处。

暹罗猫

原产于泰国的短毛猫。身材纤细，标准体重较轻（3～4千克）。面部及四肢呈黑色。

▶ **同栖时的注意点**

因为来自东南亚又是短毛猫，一定要注意保暖。喜欢登高，小心不要让它们跑到你够不到的地方去。它们有"异食癖"，经常乱吃东西，尽量把家里的东西收起来吧！

白猫（纯种、非纯种）

全身长满白毛。有短毛品种，也有长毛品种。

▶ **同栖时的注意点**

白色的毛发不易抵挡紫外线，经常暴露在阳光下容易得皮肤病，需要加强门窗的防紫外线能力。如果是长着蓝眼睛的白猫，与蓝眼睛同侧的耳朵很可能是听不见的，因此安全问题需要考虑得更周全。

狸花猫（非纯种）

拥有类似雉鸡的棕色斑纹，显得野性十足，非常受人青睐。

▶ **同栖时的注意点**

家猫中最像山猫的非纯种猫，野性较强。尤其是公猫，戒备心强，不过熟悉以后还是很黏人的。由于运动能力强，防止猫咪逃走的措施要做到位。

打造出在家里也能『狩猎』的环境

保持一颗『狂野的心』

"狩猎游戏"让猫咪获得满足感

陪猫咪玩"狩猎游戏"可以增加猫咪的运动量，帮助它们排解不良情绪。为了猫咪的身心健康而努力吧！

过去在野外生存时，猫咪为了捕猎小动物提升了多项能力——瞬间爆发力、反应力和弹跳力等，然而如今的家猫已经很少有机会再施展这些高超的本领了。猫是一种理性的动物，从不做无谓的运动，即使家里安装了猫步道，它们也不会无缘无故地上去跑跑跳跳，何况只是活动一下筋骨的话，猫咪是不需要拿出真本领的。这样一来，如果想看它们施展绝技，就只有陪它们玩"狩猎游戏"了。"狩猎游戏"不但能增加猫咪的运动量，还能帮助它们排解不良情绪。我们还可以把"狩猎游戏"和猫咪的吃饭时间安排在一起，这样操作下来，不但调动了猫咪的本能，还能激发它们的食欲，猫咪会感到非常满足。因为是在你的陪伴下玩得很开心，猫咪对你的信赖也会增加。

根据猫咪的能力调整 "狩猎游戏"的难度

擅长狩猎的崽

在户外长大后被收养的猫咪，通常具备一定捕猎经验，这些猫咪很会玩"狩猎游戏"。如果普通的玩法不能让它们尽兴，可以尝试把逗猫棒晃得更快，或是做一些猫咪意想不到的动作，提高游戏难度。

不擅长狩猎的崽

在跟没有捕猎经验的猫咪、幼猫和年老的猫咪玩耍时，要把难度降低。哪怕它们只是死死地盯住猎物，或者只是伸出爪子轻轻触碰猎物，对它们而言也已经是很棒的"狩猎游戏"了。那些看似不擅长玩耍的猫咪，有时候也是能跟上逗猫棒的速度，不妨先把各种玩法都尝试一遍吧。

所谓"狩猎游戏"，是指在短棒上拴一根绳子，再在绳子的另一头系上"猎物"或羽毛，然后由人晃动短棒，吸引猫咪捕捉"猎物"的游戏。玩"狩猎游戏"并不是为了单纯地"逗猫"，而是要让猫咪真的进入狩猎状态，并最终还原出从捕捉猎物到饱餐一顿（猫粮或零食）这一完整的狩猎过程。猫咪的狩猎技巧通常是小时候跟着妈妈学会的。如果同栖的猫咪是在户外长到半大的流浪猫，由于已经具备了一定的实战经验，大都擅长捕猎。但如果是宠物店里的猫咪，小时候没有机会跟着妈妈学这个，就不太擅长了。对于那些天生不擅长运动的猫咪和年老的猫咪，我们只要做一些简单的动作，让它们的眼睛能够跟上就算是很好的游戏了。而对于那些能力较强的猫咪，我们可以加快猎物的运动速度，让它们玩得更投入。猫咪的运动能力是有差异的，要根据实际情况调整游戏的难度。

玩一场能让猫咪
全心投入的"狩猎游戏"

适合"狩猎游戏"的逗猫棒

市面上有各种各样的猫咪玩具，但最好用的还是逗猫棒（短棒+绳子+猎物）。

要想逗猫棒挥起来顺手（能发出"嗖"的声音，并快速左右摆动），绳子就不能太长。如果觉得长了，就把它截短吧。

短棒可以三段伸缩，便于收纳，挥动的手感也不错。

建议购买可以更换"猎物"的款式。羽毛最好是真正的鸟类羽毛。猎物是消耗品，玩耍时会被猫咪拔掉羽毛，可多买几个备用。

猫咪一旦在"狩猎游戏"中进入状态，瞳孔就会放大，变得圆溜溜的，猫咪会把身子伏在地上，一边盯着猎物一边晃动尾巴，然后看准时机一跃而起。假如因为分毫之差没有扑到，猫咪会紧接着一个冲刺，然后连跑带跳地继续展开追捕，仿佛在说："真不甘心啊！"扑倒猎物后，猫咪会用后腿蹬住猎物将其制服，然后把它叼起来，换个地方慢慢享用。等猫咪终于松开了猎物，准备离去时，那其实是新一轮狩猎即将开始的信号，转眼的工夫，猫咪又一次扑了上去。猫咪追逐着猎物，一刻不停地奔跑着，它渐渐感到了疲倦，最后索性躺在了地上。休息片刻之后，体力恢复了，猫咪开始重整旗鼓，再次对猎物发起追击。"狩猎游戏"反复上演，猫咪也终于露出疲态，是时候放下游戏，进入"干饭"和"吃点心"的环节了。每只猫咪都有自己的狩猎风格，在游戏中找出那个最能让它们全情投入的方式吧。

如何挥动逗猫棒？
每只猫咪都有自己的喜好

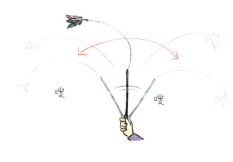

鸟

左右挥动逗猫棒，让猎物在空中飞来飞去，发出"嗖-嗖"的声音。也可以上下抖动逗猫棒，让猎物在空中扑腾。

嗖　　嗖

老鼠

让猎物紧贴地面转圈。

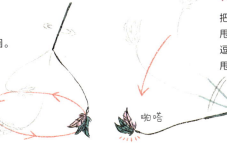

青蛙

把猎物"啪嗒"一声甩在地上，然后抬起逗猫棒，换个地方再甩一次，如此反复。

啪嗒

🐾 玩"狩猎游戏"时应注意什么

1 首先是安全问题

猫咪在追猎物时，眼里只有猎物，看不到周围。把可能会让猫咪受伤的、硬的和尖锐的东西收好后再开始游戏吧。

2 其次是清扫场地

玩"狩猎游戏"时，地上的灰尘和猫毛会飞到空中。最好事先打扫一下，只打扫游戏区域就可以了。

3 再配合猫咪的动作

看准时机，在猫咪跑起来、扑向猎物的时候挥动逗猫棒。猫咪感到疲倦后，动作会变慢，请留心观察它们的状态。

4 最后狩猎要张弛有度

不要一刻不停地挥动逗猫棒，偶尔也要停下来，给猫咪一个"这下能抓到它了"的信号，让猫咪飞扑上去。

适合玩"狩猎游戏"的屋子是怎么样的？
巧妙利用家具和生活用品

石丸家只在起居室一侧玩"狩猎游戏"。起居室除去壁柜、厨房、洗手间的面积为13～14平方米，虽然只有一居室大小，但也足够玩"狩猎游戏"了。

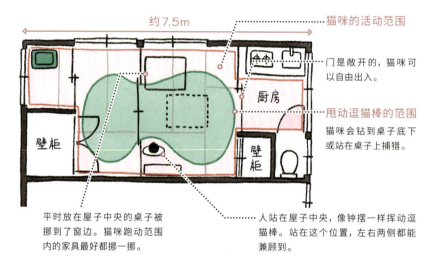

约7.5m

猫咪的活动范围

门是敞开的，猫咪可以自由出入。

厨房

甩动逗猫棒的范围
猫咪会钻到桌子底下或站在桌子上捕猎。

壁柜

壁柜

平时放在屋子中央的桌子被挪到了窗边。猫咪跑动范围内的家具最好都挪一挪。

人站在屋子中央，像钟摆一样挥动逗猫棒。站在这个位置，左右两侧都能兼顾到。

和　　猫咪玩"狩猎游戏"，需要有一块长条形空间和能让猫咪转着圈跑的区域。我家起居室一侧除去壁柜、厨房、洗手间的面积为13～14平方米，虽然从玄关到厨房只有7.5米，不过对于"狩猎游戏"来说已经足够了。我会把起居室里的桌子挪到窗边，腾出一个开阔的空间，然后把桌子底下和桌子上面的空间，以及隔壁房间都利用起来，让猫咪在捕猎时能奔跑起来。玩耍时，我会留意那些能让猫咪躲起来伏击猎物的地方，比如桌子底下、被猫咪当成猫抓板的凳子下面、拉门后面，并主动为它们创造条件。此外，像是房梁上方的纵向空间，也可以利用起来。还有床上、沙发上、猫爬架上，我会在这些地方上下挥动逗猫棒，引诱猫咪爬高。比起一间空荡荡的屋子，一个能让猎物时隐时现的房间更适合玩"狩猎游戏"。

时隐时现的猎物最具吸引力

1 利用墙壁或拉门遮住猫咪的视野

猫咪无法直接看到猎物，却能通过声音感知猎物的存在，这样的状况让猫咪欲罢不能。为猫咪创造条件，让它们从墙壁或拉门的背后伏击猎物吧。

2 利用家具隐藏猎物

把猎物甩到沙发或桌子上，让猫咪所在的位置无法看到。比如猫咪站在沙发旁边，这时轻轻晃动沙发上的猎物，让猫咪忍不住想要扑上去。

扩大地面上的空间

我们不妨回想一下，当初还没有买家具的时候，家里是什么样子的？和那时相比，如今这套房子是不是变得窄多了？因为地上摆了好多东西，房子好像缩水了一样。如果能把家具挂在墙上，不但地面上的空间会变大，打扫起来也更方便。地面是猫咪主要的生活场所，可能的话，把更多的空间留给它们。

专栏❹

猫咪与人类的寿命

从人生重要阶段的角度思考

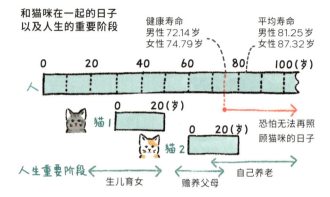

和猫咪在一起的日子以及人生的重要阶段

健康寿命
男性 72.14 岁
女性 74.79 岁

平均寿命
男性 81.25 岁
女性 87.32 岁

0　　20　　40　　60　　80　　100(岁)

人

猫 1　　0　　　20(岁)

猫 2　　0　　　20(岁)

恐怕无法再照顾猫咪的日子

人生重要阶段

生儿育女　　赡养父母　　自己养老

丰富的食物为我们带来充足的营养，医疗技术的发展让大多数疾病得以治愈，日本人的平均寿命因此连年增长，截至 2018 年，日本男性的平均寿命已达到 81.25 岁，女性为 87.32 岁。随着人类寿命的不断延长，猫咪也呈现出了高寿化的趋势。如今，在完全室内饲养的条件下，猫的平均寿命据说可达 15～16 岁，甚至有不少猫咪超过了 20 岁。

自家的猫咪长寿当然是好事，但问题是，等到猫咪老了的时候，我们自己是否还有能力照顾它们，给它们养老送终呢？2016 年的数据显示，日本男性的健康寿命为 72.14 岁，女性为 74.79 岁。在我们寿终正寝之前，其实有大约 10 年时间都是需要别人照顾的。因为主人岁数大了，不得不住进养老院，导致猫咪失去容身之所的情况近年来越来越多。

因此，当我们决定与猫同住的时候，也需要将我们自己的年龄、家人的年龄，以及猫咪的年龄放在一起考虑。人生在世，我们除了过好自己的生活，生命中还有配偶、孩子等其他人的参与。此外，我们在一生中还将经历升学、毕业、就职、结婚、生子、离职、乔迁和亲人离世等各种重大事件，在规划"和猫咪在一起的生活"时，若能将这些人生大事也考虑进来，我想我们和猫咪一定都能度过美满的一生吧。

第三章

与猫同住基础篇

"养猫必备常识"

习惯了户外生活的猫咪住进家里，难免会做出一些让我们头疼的事。这时就需要我们了解猫咪的生活习性，并多为它们着想。和猫咪同住有哪些基本要领呢？一起来看一看吧！

猫咪磨爪子这件事 只能『循循善诱』

停不下来，也阻止不了

猫咪是不可能不磨爪子的，
还是让它们怎么舒服怎么来吧。

在猫咪喜欢的地方放上它们喜欢的猫抓板，有目的地控制抓挠范围。

猫咪磨爪子，主要分四种情况。第一种情况是指甲长长了，需要把旧的指甲磨掉（旧指甲下面会长出新的锋利的指甲）。第二种情况是猫咪兴奋起来或是想发泄情绪的时候，会产生磨爪子的冲动。第三种情况是猫咪受挫了，想靠磨爪子转换心情。最后一种情况是猫咪在用磨爪子的方式标记地盘：用爪子留下痕迹，以此宣告"这里是我的"。这样的地方包括在猫咪看来显眼的地方、家里不同区域的交界处，以及有别的猫咪和人类的味道闯进来的地方。总之，猫咪站直身体能够到的地方、沙发的转角处，以及门窗附近，往往是猫咪抓挠的"重灾区"。这种想要磨爪子的冲动是不可抑制的，因此还是提前给它们找好地方，让它们在猫抓板上抓挠吧。

猫咪喜欢抓挠什么？
寻找理想中的猫抓板

猫抓板的位置够高吗？

猫抓板分为平置、斜置和竖置三种方式。前两种猫抓板，猫咪在抓挠时会采用和平时一样的四脚着地的姿势，竖置的猫抓板则需要猫咪直起身子抓挠。通常来说，一块稳定的、需要猫咪站直了身体去抓挠的猫抓板，最受猫咪青睐。

竖置的猫抓板需要猫咪直立起来，伸直前腿，因此安装时需要根据猫咪的体长和腿长来决定高度。猫抓板的顶端应高于猫咪站直身体后能够到的位置。

与猫同住基础篇"养猫必备常识"

适合猫咪抓挠的材料

瓦楞纸

麻绳或棉绳

卷起来的地毯

表面粗糙的木材

大家肯定都见过猫咪磨爪子磨得"噼啪"作响的样子吧。猫咪在抓挠时会把整个身体的重量都压在猫抓板上，因此它们尤其喜欢那种挠起来纹丝不动的猫抓板。另外，与生俱来的地盘意识会让猫咪本能地想要站起来去挠高处，因此竖置的猫抓板会更受猫咪青睐。不过，市面上能买到的竖置猫抓板大都是晃晃悠悠的，猫咪并不喜欢，它们宁可去抓那些不会晃动的平置和斜置猫抓板。由于猫咪原本是用树干和围墙磨爪子的，它们会对触感粗糙的布料、粗绳和硬纸板等材料情有独钟。这样想来，猫咪会抓挠沙发角、柱子和墙面就不奇怪了——这些地方既是竖直的又稳固，触感也合它们的心意。在家里安装一些能让猫咪跃跃欲试的"抓挠神器"吧！

猫咪喜欢在哪里磨爪子 跟"地盘"有关系

出入口附近和转角处是 磨爪子的"打卡点"

猫咪的生活离不开磨爪子。因为有标记领地的需要，凡是有外来者气味飘进来的地方，以及高处和转角处等显眼的地方，都会成为猫咪抓挠的对象。在这些地方放上猫抓板，让猫咪只在那里磨爪子吧！

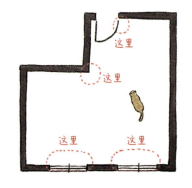

猫咪在家里磨爪子的 4个"打卡点"

1
外面的气味容易飘进来的地方，如玄关和窗户附近。

2
不同房间的交界处，如靠近门的地方。

3
房间里突出来的地方。

4
一根孤零零的柱子。

此外，家里的柱子、家具腿、拉门和玻璃门的木框、沙灰墙面、粗糙的壁纸、硬布和皮革沙发、地毯、榻榻米等，也都是猫咪忍不住想磨爪子的地方。

【 不希望墙壁被猫咪抓花，
就要使用耐磨的装修材料 】

不容易被抓花的材料，
要么"很硬"，要么"很滑"

1️⃣ 推荐使用这些材料

瓷砖	石灰	水泥砂浆

瓷砖又硬又滑又防水，贴在墙上就不怕猫咪抓挠了。	很硬，爪子扎不进去，所以不怕抓挠。部分石灰的防水性能也很好。	相当硬，猫咪使劲挠也是白费力气。

2️⃣ 推荐选购这些墙板

多孔陶瓷瓷砖

使用多孔陶瓷制成的瓷砖，具有调节湿度、消除异味的功能。有很多种样式可供选择。大概是因为表面硬度高，爪子扎不进去，所以猫咪从不用它磨爪子。虽然是多孔结构，但可以水洗，这样就不怕猫咪在上面尿尿了。

（以上为笔者观点）

珐琅墙板

珐琅材质的墙板。珐琅是一种将玻璃质釉与铝铁等金属板牢固结合的复合材料，其表面光滑，不易开裂，因此不怕猫咪抓挠。珐琅还具有很好的抗污性，即使猫咪在上面尿尿也没关系。另外，这种墙板还能搭配水性笔当留言板使用，或安装磁吸置物架增加收纳空间，用途广泛。

简单墙壁DIY，既防抓挠又有颜值

使用表面粗糙的装修材料，被猫咪挠了也不显眼

OSB板（也叫欧松板、定向结构刨花板）是一种用碎木片压制而成的木质板材。推荐使用这种板材是因为其表面粗糙，即使被猫咪抓花了也不显眼。如果你喜欢这种风格的材料，或是家里有很多只猫，正在为猫抓板的事情犯愁，不妨试试把它装在墙上。鉴于其耐水性较弱，建议刷一层无色的水性树脂清漆，这样即使猫咪在上面尿尿也可以轻松擦净。但不建议刷有色漆，因为被猫咪挠过以后会很显眼。

OSB板表面凹凸不平，纹理杂乱，就算被抓花了也不显眼。

墙上已经贴了塑料布？顺便给墙面做个"美容"吧

只需在防抓挠的塑料布上，用双面胶贴一层薄木板，房间的颜值就能提升不少。木板是可以更换的，所以不怕挠。

塑料布

租房子住的时候，为了保护好原有的墙纸，很多人会选择在墙上贴塑料布或塑料板，但其实这样很影响美观。既然已经亲自动手贴了塑料布或塑料板，不如再多花点工夫，把墙面的颜值也提升上去。在贴好塑料布或塑料板的墙面上贴一层薄木板，或是图案讨喜的塑料壁纸，家里的观感就会大幅提升。考虑到日后退租时需要把墙壁复原，最外层的装饰可以用钉枪（类似订书机）固定，这样拆除时就方便多了。

哪种拉门不容易被猫咪挠破

1 传统拉门

采用传统工艺，在组子（格子木架）上面糊纸的拉门。猫爪一抓一个洞。重新糊纸需要拆下木架，比较费时，但可以反复换纸。

2 硬纸板拉门

在瓦楞纸板上面糊纸的拉门。纸破了是不能更换的，可以在上面再贴一张，但也只能重贴几次。优点是便宜。但容易被猫咪拿来磨爪子，很快就被挠烂。

3 泡沫塑料拉门

在苯乙烯或聚苯乙烯的泡沫板上糊纸的拉门。很轻，但相对比较结实，不容易被挠穿。

4 隔扇

给简易木架装上薄板，再在上面糊纸。一般用于将日式房间与西式房间隔开，因此正反面贴纸的图案是不同的。纸破了可以更换，而且不容易被挠穿。

如果猫咪把家里的拉门挠出了窟窿，可以在拉门附近放一块更好挠的猫抓板，并把拉门替换成不容易被挠穿的款式。拉门一般分为四种：1.传统拉门；2.硬纸板拉门；3.泡沫塑料拉门；4.隔扇。从1到4，拉门的抗抓挠能力逐级增强。拉门表面通常贴的是日本和纸与纺织物，也就是所谓的"拉门纸"，但由于不耐抓挠，建议替换成韧性较强的塑料墙纸。想追求坚固性的话，贴一层薄薄的树脂装饰板也是个办法。墙纸和装饰板都有很多种样式可选。不过即使拉门的纸安全了，木架也可能遭殃。可以考虑使用铝制框架的拉门。

【 亲自动手就能制作
超简易的"立柱式"猫抓板 】

 材料及工具

- 麻绳或棉绳 1 条（规格：直径 6mm，长 30m）
- SPF 板材木柱 1 根（2 × 4 木柱规格：38mm × 88mm）
- 木柱固定夹 1 个：2 × 4 木柱调节器
- 剪刀
- 卷尺

 不使用SPF（云杉-松木-冷杉）板材，把绳子缠在柱子或桌腿上。图中制作猫抓板的材料，是我从制作猫台阶（详见第102页）的SPF板材中抽出来的。为了照顾嗅觉灵敏的猫咪，制作过程中没有使用任何黏合剂。

步骤 1

为立柱选好位置，测量从地面到天花板或房梁的高度，并准备好长度合适的SPF板材。以此次使用的"2 × 4 木柱调节器"（以下简称木柱固定夹）为例，板材的长度应为"测量高度减去95毫米"。

步骤 2

在立柱两端套上木柱固定夹组件，然后旋紧上端的木柱固定夹，使立柱顶住屋顶。立柱两端的木柱固定夹组件一定要安装牢固。

步骤③

在立柱上缠麻绳（或棉绳）。首先按照图中的方法打一个"双扣"，并拉紧。

步骤④

从立柱的底端开始，把绳子一圈一圈向上缠（注意不要缠在木柱固定夹上）。猫咪抓挠时容易把绳子抓得往下跑，因此绳子一定要缠得尽量密，尽量紧。

步骤⑤

缠到猫咪站直身体能够到的高度后（这次的立柱挨着木箱，所以缠到从地面算起为84厘米的高度），最后缠3～4圈，打一个死结，系牢。剪掉多余的绳子，立柱式猫抓板就做好了。

猫砂盆处理得好，猫咪、人类都没烦恼

唯独这件事不能听你们人类的！

理想的猫砂盆

猫咪眼中的		人类眼中的
希望尺寸是自己体长的1.5倍	✳	越小越好
猫咪的数量+1个	✳	越少越好
放在人类和其他猫看不见的地方	♥	越不显眼越好
放在干净的地方	♥	最好闻不到味道
放在宽敞的地方	✳	放在好打扫的地方
放在安静的地方	⟷	……（无所谓）

与猫同住时，人和猫之间唯一"谈不拢"的就是猫砂盆的问题。通常来说，猫咪每天要大便1次，小便1～3次。但如果猫砂盆清扫不及时，或是数量太少，则里面可能大部分时间是脏的，猫咪也会因此忍着不上厕所，从而导致它们患病。特别是因憋尿导致的能在短时间内致死的猫尿闭（也称尿道梗阻），以及猫咪们常患的肾脏疾病，铲屎官一定要防患于未然。在猫咪上厕所的问题上，人和猫咪的愿望大多是冲突的，但是为了猫咪的健康着想，我们理应为它们提供一个舒心的如厕环境。另外，为了保持猫砂盆的清洁，如何方便我们自己做好清理工作同样重要。与猫同住时，猫砂盆的问题是最需要我们脚踏实地去做，也是最需要被重视的事情。

你家猫咪的喜好是什么？
猫砂盆及猫砂的种类

⒈ 猫砂盆的种类

开放型

开放的空间感，带给猫咪最自然的如厕体验。由于猫砂容易溅出来，给人带来了不便，这类猫砂盆的边缘越做越高。

推荐度：★★★

圆顶型

猫砂不容易溅出来，但气味会被闷在圆顶里，猫咪可能会不喜欢。从外面不容易看到里面的情况，打扫起来不方便。

推荐度：★

潜入型

猫砂不会溅出来，但猫咪需要经过训练才会使用。结构上不利于散味，这一点猫咪可能会不喜欢。另外，对腰腿的负担较大，不适合年老的猫咪和短腿猫使用。

推荐度：★★

⒉ 猫砂的种类

矿石结块型

吸收尿液后会结块。但只沾一点尿液是不会结块的，会有味道，还筛不出来。能很好地遮住大便的臭味，但容易被猫咪刨出来。

干湿分离型专用砂

颗粒较大。需要在猫砂底下铺宠物隔尿垫吸收尿液。不能很好地裹住大便，因此可能味道较重。沾上尿液后不容易被筛出来。

宠物隔尿垫

如果猫咪反复在被褥上尿尿，可以尝试使用宠物隔尿垫。在上面排便会产生恶臭，需要放在通风的地方，并及时清理。

每种猫砂盆和猫砂都有各自的优缺点，在此基础上还要考虑人的需求，不过总的来说，开放型猫砂盆和矿石结块型猫砂是公认最好用的组合。猫砂按照原料可以分成很多种，往往让人不知如何选择。触感接近于天然沙土的矿石猫砂和水晶猫砂是猫咪们喜欢的，不过其主要成分是膨润土和干燥剂硅胶，若不慎误食会对猫咪的健康造成不良影响。用柏木片做成的木质猫砂因为有柏木的味道，并非所有猫咪都能接受。也有用豆腐渣做成的植物系猫砂，但是有的猫咪会吃这种砂。纸质的猫砂颗粒大，分量轻，有的猫咪不肯使用。总的来说，每种猫砂都不完美，但如果说哪种一定不能买，那就是会招猫咪讨厌、让它们不愿去上厕所的猫砂，这是大前提。

【 猫砂盆的理想数量是 "猫咪的数量+1个" 】

为什么是 "猫咪的数量+1个"

如果1只猫只有1个猫砂盆，由于不愿意使用脏了的猫砂盆，猫咪在排便后可能会憋着不上厕所，直到有人替它打扫干净。猫咪原本就是一种容易患肾病的动物，憋尿只会增加它们的患病概率。但如果猫砂盆的数量比猫咪的数量多1个，每只猫咪在使用自己"大便盆"的同时，还有一个公用的"小便盆"，这样就不需要憋尿了。

大便

虽然是自己的大便，但不想用有大便的盆。

★理想

小便

大便

有两个盆的话，就能在另一个盆里小便了。

有的猫咪在用过猫砂盆以后，直到有人替它打扫干净为止，都会憋着不上厕所。如果你家猫咪总在你打扫完之后上厕所，那它很可能有这种倾向。因为不想把猫爪踩脏，猫砂盆里有大便的时候，猫咪是不愿意踩进去的。这种情况下，如果1只猫咪只有1个猫砂盆，一旦拉了大便，这个盆就相当于无法使用了。由于憋尿比憋屎更容易让猫咪生病，我们要做的就是尽量消除猫咪们憋尿的可能。另外，很多猫咪都有在不同的盆里小便和大便的习惯，从这个角度讲，也是准备"猫咪的数量+1个"猫砂盆才够理想。不可否认，日本人的家里很难摆下好几个猫砂盆，如果增加1个实在有困难，也可以灵活一点，根据自己的居住条件，增加"0.5个"，或是换一个尺寸更大的。

超过1只猫的时候，猫咪们是这样想的

🐾 2只猫，2个盆的情况

在猫咪看来，大便盆很难跟别的猫咪共享，但小便盆是可以商量的。所谓理想中的"猫咪数量+1个"，是指每只猫都有自己的大便盆，然后共用一个小便盆。多一个猫砂盆，让猫咪们多一个地方小便，便能将疾病防患于未然。不过，如果猫咪们的关系不好，做不到共用一个盆的话，最佳方案便是为每只猫都准备2个盆。

🐾 2只猫，3个盆的情况

【 更灵活地考虑 猫砂盆的数量问题 】

家里摆不下那么多猫砂盆，可以尝试"+0.5个"

小盆真心不好用，但总比有大便的盆好。

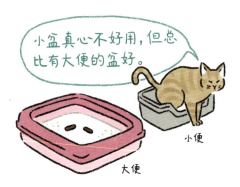

小便

大便

想必很多人会因为家里地方小，摆不下理想数量的猫砂盆而烦恼吧。如果"+1个"有困难，"+0.5个"也是个办法。这里的"0.5个"可以理解为给幼猫使用的小号猫砂盆。家里只有1只猫的话，可以将猫砂盆从1个增加到"1+0.5个"，小号猫砂盆就专门用来小便吧。

猫砂盆不在数量多，而在于干净猫砂的面积

据我观察，猫咪在意的或许不是猫砂盆的数量，而是干净猫砂的"面积"。换句话说，猫咪不肯用有大便的猫砂盆，可能是因为不想猫爪沾到大便。想象一下，如果猫砂盆能像户外的土地和沙坑那样大，上面还有小路，那么就算里面有大便，猫咪也是愿意去上厕所的。因此，哪怕家里只有一个猫砂盆，只要它足够大，里面又有大面积的干净猫砂，猫咪们应该是能接受共用一个猫砂盆的。家里有好几只猫，或是有大型猫咪的话，推荐尝试这个办法。

里面有大便，不过离得远，还行吧……

就选这里吧

市面上很难买到超大号的猫砂盆。使用塑料箱的话，猫砂的面积会比普通猫砂盆大得多（1.5～3倍）。

从"分盆上厕所"的角度看
猫砂盆应放在哪里

家里如果有两个猫砂盆，猫咪通常会分别用于大小便。如果拉开两个猫砂盆的距离，猫咪倾向于在离活动区域近的那个猫砂盆里小便，在离得远的盆里大便。这是因为小便很快就解决，但大便则要花点时间，因此要找个人类和别的猫咪看不见的地方慢慢解决。

🐾 **家里只有1只猫的情况**

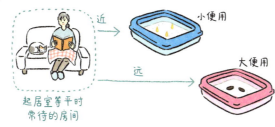

家里只有1只猫的话，只需要考虑猫砂盆与活动区域之间的距离就好了。这就好比人类男性对待小便器和大便器的态度是不同的。

🐾 **猫咪数量超过1只且关系融洽**

家里有超过1只猫的话，同样能看到明显分盆上厕所的倾向。如果猫咪之间的关系不好，至少应该把它们的大便盆分开摆放。这是因为有的猫咪专门喜欢趁别的猫咪上厕所的时候展开偷袭，以达到骚扰的目的。而这个拉不成大便的猫咪，可能就会去别的不该大便的地方大便了。有时候，彼此不对付的猫咪甚至不愿意在一个猫砂盆里小便，一定要引起重视。

🐾 **猫咪数量超过1只且关系紧张**

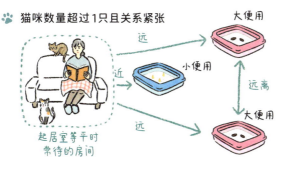

第三章

与猫同住基础篇『养猫必备常识』

【 猫砂盆的味道太大怎么办? 】

办法 1

去除异味要彻底

去除异味,最有效的方法就是"连锅端"。猫砂盆的异味源于沾了尿液的猫砂和没清理干净的小块大便。实在难闻的话,就把猫砂彻底换掉吧。另外,塑料猫砂盆一旦被猫砂或猫爪子磨出道子,就会藏污纳垢,滋生各种细菌,需要定期用水冲洗。如果已经发臭了,可以用中性的无味清洁剂清洗。没时间的话,也可使用宠物湿巾或用厨房纸蘸水擦拭。如果清洗后仍然有味儿,就重新买一个吧,毕竟是消耗品。

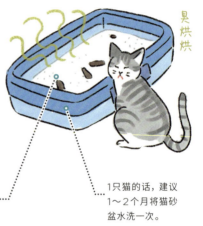

臭烘烘

1只猫的话建议2～4周彻底更换一次猫砂。如果想保持猫砂盆清洁,最好只倒少量猫砂,1～2周彻底更换一次。

1只猫的话,建议1～2个月将猫砂盆水洗一次。

猫咪因为经常舔毛,身上几乎没有味道,但似乎很多人都认为"有猫咪的家里很难闻"。留意以下三点,让你远离异味困扰。首先是"勤铲屎"。如果铲屎之后还有异味,说明异味源于猫砂盆。定期清理猫砂盆同样重要,猫砂最好2～4周彻底更换一次,猫砂盆1～2个月清洗一次。其次是注意通风换气,把有异味的东西放在下风处。放在窗边可能反而会让全家充满异味,一定要注意。最后是把有异味的东西放在低处。异味在空中是会下沉的,决定猫砂盆的位置时请把这一点也考虑在内。

办法②

有异味的东西要放在下风处

2003年以后日本修建的房屋必须达到"24小时换气"标准，即在结构上允许新鲜空气由墙上进气口进入，之后经由卫生间或浴室的换气扇排出。但是这样一来，房屋的换气功能就能由原本的自然通风，变成了"取决于进气口和排气口是否清洁"。如果发现家里的味道总是散不出去，可以把有异味的东西放在下风处。

常有人把猫砂盆放在窗户底下，但这样的问题是，不开窗的话起不到换气效果，开窗的话又可能使窗口成为上风口。猫砂盆还是放得离洗漱间和卫生间的换气扇近一点比较好。

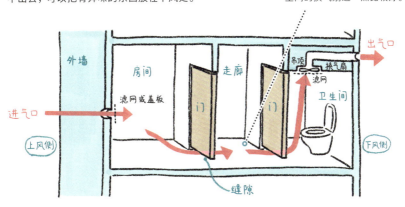

办法③

有异味的东西要放在低处

家里的地面如果存在落差，应尽量把有异味的东西放在低处。排泄物散发出的异味由于密度较大，会下沉并聚集在低处。把猫砂盆放在低处，家里的异味就不明显了。可能的话，换气扇也要尽量安装在低处。

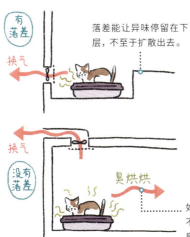

落差能让异味停留在下层，至于于扩散出去。

如果挨着换气扇放，异味就不容易扩散。但是没有换气扇，就会满屋都是异味。

63

卫生间是放置
猫砂盆的最佳场所

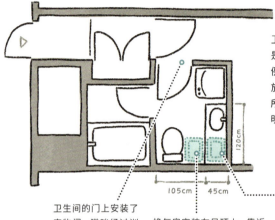

卫生间里很安静，又常有人去，是摆放猫砂盆的绝佳场所。图例中的猫砂盆位于洗漱台下方，放在这里既能让猫咪安心上厕所，又方便我们打扫，异味也不明显。

1个人和1只猫住在一套一居室里，猫砂盆位于洗漱台下方。洗漱台与马桶之间的距离，足以将猫砂盆拉出清理。

卫生间的门上安装了宠物门，猫咪经过训练后可以自由出入。

换气扇安装在吊顶上，靠近猫砂盆，方便通风换气。

120cm

105cm　45cm

（涩谷区H客户的家：房龄30年，经过改造的公寓）

将置物用的横隔板拆除后，下层空间可以放下大多数猫砂盆。

后面的墙上贴了瓷砖，接缝处打了玻璃胶，起到防污作用。

地面上铺塑料地板，既防水又防污。

沉重的猫砂就放在隔壁的储物柜里。

64

跳出常规，
带给猫咪满意的如厕环境

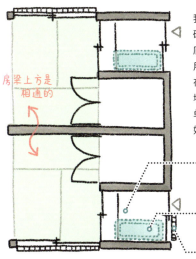

房梁上方是相通的

我得知猫咪需要的是1.5倍自身体长的大号猫砂盆后，便果断在两个玄关里各放了一个为床底收纳设计的扁平塑料箱，给它们当猫砂盆使用。这种尺寸的塑料箱，足够两只猫咪同时在里面上厕所。玄关里一面墙是拉门，一面墙是玻璃门，有防护窗负责换气，宛如一个小单间，外加经常有人出入，铲屎也好、清扫也好，都能随时照顾到，方便保持整洁。

玄关的地面较低，可以用水冲洗。每当玄关里的味道变重了，我就用中性洗涤剂和刷子清洗地面。

由于和户外只有一墙之隔，猫咪在这里上厕所，有时也是为了标记地盘。

为方便换气，房门采用了纵向防护窗。

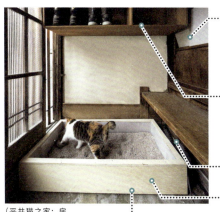

（平井猫之家：房龄60年，经过改造的平房）

用大号的塑料箱当猫砂盆。外侧安装了挡板，看起来更美观。

在拉门上开个洞，装上布帘便是"猫小门"。猫咪穿过"猫小门"去上厕所。把洞开得高一点，猫砂就不会"跑"到屋里去了。

鞋子平时都放在玄关里，为了防止猫咪尿尿把鞋弄脏，我在猫砂盆上方安装了具有猫台阶功能的鞋柜。我们已经养成了脱下鞋子就放进柜子里的习惯。

右手边的地板下方有墙面插座，冬天可以接电暖器，给玄关保暖。

把猫砂盆放在低处，异味也会聚集在低处，不会扩散到起居室里。地面落差约45厘米，猫咪爬上来的时候，粘在脚上的猫砂就被蹭掉了。

猫咪不在猫砂盆里上厕所的种种原因

多观察，多尝试

猫砂盆旁边是否存在让猫咪误以为是猫砂的东西？

有些东西会让猫咪误以为可以在上面上厕所，比如会"哗啦哗啦"响的塑料袋（超市购物袋、塑料包装纸）和布料（床单、羽毛垫、尼龙羽绒服）。这些东西的触感多少与猫砂类似，猫咪容易误以为能在上面大小便。

把猫砂盆转移到安静的地方

猫砂盆是否被放在了吵闹的地方？猫咪喜欢在安静的地方上厕所，如果猫砂盆被放在了电器旁边，比如为了除臭和空气净化器放在了一起。还是请把猫砂盆转移到安静的地方吧。

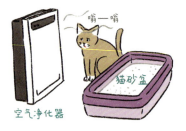

猫咪在猫砂盆外面上厕所，可能是因为如厕环境不能满足猫咪的需求，这时候，我们可以先尝试在猫砂盆的数量和打扫的频率上做出改善。此外，问题也可能出在猫砂和猫砂盆上。可以多换几种猫砂试试，有的幼猫不喜欢猫砂的触感，换成报纸和隔尿垫或许就解决了。体形较大的猫咪有时会因为猫砂盆不够大而拉在外面或尿在外面，给它们准备一个大号的猫砂盆吧。也有猫咪不喜欢带盖子的猫砂盆，这时要换成开放式的或是包围感较少的。如果这些都排除了但仍没有改善，原因要么是外界的刺激，要么是猫咪在划地盘，还有可能就是猫咪生病了，建议带它去医院检查。顺带一提，用水稀释食用醋擦拭被猫咪尿过的地方，可以缓解猫尿的骚味。

对异味敏感?
选用更好的墙面材料吧!

除异味功能强大的石灰

石灰能够调节湿度,去除异味,其持久性强,不易损耗,质地坚硬能抵御猫咪抓挠,是一种刷墙的好材料。普通石灰兑水后搅拌均匀即可使用,另外也可以买到搅拌好的石灰,以及可以刷在塑料壁纸上的石灰,建议大家多多尝试。不同品牌的石灰有不同的特性,选购也很方便,很多地方都能买到,操作起来也很简单。

其他具有除臭功能的墙面材料

多孔陶瓷瓷砖	多孔陶瓷建材,可以调节湿度,吸附有害物质。可水洗。	富含水晶的花岗岩	具有调节湿度、防霉、吸附有害物质的作用。不易产生静电和沾染灰尘。
水泥木丝板	使用柏木制成的水泥木丝板。具有调节湿度、吸音、防蚁等功能,但耐水性弱。	空气净化壁纸	可反复进行"吸附、催化、分解、再生"这一过程的壁纸。效果半永久。

家中除异味,可以使用具有除臭效果的建筑材料。比如传统的石灰、吸附功能强大的多孔墙面材料、可以分解异味的壁纸等。具有除臭功能的建材,往往也具有良好的调节湿度的功能。这些建材中有一些是不耐水的,无法应对猫咪随处尿尿的问题,因此使用范围会受到限制,比如只能使用在高于1米的地方。另外,大部分石灰都是不耐水的,不过也有像土佐石灰这种用于粉刷城墙的石灰,由于不含糨糊成分,其质地坚固,耐水性强,推荐各位铲屎官使用。此外还有面向DIY家装的搅拌好的石灰,一般用作防水材料,耐水性同样可靠。壁纸方面,如今很多产品都是塑料材质的,可以水洗,但不耐抓挠,如果猫抓板的问题尚未解决,建议只在高于1米的地方和吊顶上使用。

自己动手粉刷墙壁，凹凸不平才有味道！

步骤 1

用塑料布或胶带纸遮挡粉刷区域以外的部分，以免弄脏。

步骤 2

在桶里将石灰粉与水混合，用铁锹或搅拌机搅拌均匀。如果电钻前端能安装搅拌杆，搅拌起来会更方便。如果购买搅拌好的石灰，就可以省略这一步。

用搅拌机搅拌石灰。

步骤 3

根据墙底子的状况做好预处理，并上一层底漆。例如在石膏板上粉刷时，为防止接缝处日后开裂，可以贴上一层纤维胶带。不过自家DIY时通常会省略预处理这一步。

在墙上抹石灰。

步骤 4

用抹子刷石灰时，将石灰碾开要用力。窍门是不要让抹子与墙壁平行，而是要侧开一个角度，然后向上下左右刮。抹子最好选轻一点的，否则没刷一会儿胳膊就累了。

用石灰抹吊顶。凹凸不平的墙底子吸附力更强。照片中的轻质石膏板表面凹凸不平，适合自己动手装修的时候使用。

石灰在干燥前呈强碱性，作业时需佩戴塑料手套，避免让猫咪靠近。部分种类的石灰上墙10分钟后即可触摸。石灰会在粉刷后的24小时内释放水分，请注意屋内湿度。

猫是一种几乎没有体味的动物，它们会经常给自己舔毛，以便不让敌人嗅到自己的气味。猫咪这么爱干净，我们无须担心它们身上有异味。尽管如此，有人却因为"不喜欢猫的味道"，在家里使用含有化学香精的洗涤剂，其实这样对猫咪很不好。另外，如果你想用一种味道去遮盖臭味，有时反而会产生一种更强烈、更奇怪的味道。

近来，关于"香味污染"危害宠物健康的报道越来越多，宠物因受香精影响，出现了食欲不振、呕吐、呼吸困难等症状。猫由于嗅觉敏锐，持久性强的香精会引起猫咪体内产生某种化学反应，令其身体出现异常。另外，在部分猫砂、宠物隔尿垫中发现的花香或茶香的化学添加剂，据说也会对猫咪造成不良影响，还是少用为好。

总的来说，洗涤剂、化妆品和芳香剂都要尽量使用无香精产品。我家使用的洗涤剂是日本抗菌研究所以贝壳粉为原料研制的贝壳粉亮白洗衣锭。贝壳粉具有除臭、防虫的功效，因为无添加、无香精，不会在衣物上留下令人排斥的香精味，对人体更友好，也不会危害到猫咪的健康，使用起来的感受也与一般洗涤剂大体相同。另外，同一家机构出品的除菌去污剂也可以用来除臭。洗碗的话，推荐纯天然洗洁精，或者不使用洗洁精，用树脂刷子或具有抗菌作用的铜丝刷子。家里有洗碗机的话，推荐使用同为日本抗菌研究所出品的洗碗机专用洗涤剂。不论在生活中的哪个方面，嗅觉灵敏的猫咪都需要我们给予更多的关照。

科学喂养，身体倍儿棒

❯ 喂饭让猫咪和我们更亲近

最佳喂饭时间在日出和日落时。

就吃30分钟哦

猫咪原本以捕食小动物为生，每天能吃掉10～15只老鼠。由于猫咪习惯在猎物活动最频繁的日出和日落时展开狩猎，在这个时间给猫咪喂饭是最理想的。大多数人会选择早晚各喂一次，不过对于饭量小的猫咪和幼猫、老猫来说，每天喂4～5次才是妥当的。猫咪的剩饭如果放着不管，不但会氧化变质，还会让新旧猫粮混在一起，不利于食盆保持清洁。建议每顿饭控制在30分钟，然后把吃剩的收起来，下次再喂。需要使用自动喂食器的话，也要保证每天至少一次亲手给猫咪添饭。在猫咪看来，投喂自己的人是非常重要的人。如果夜里猫咪吵着要吃饭，可以只在这个时间段使用自动喂食器。

根据猎物的营养成分 选择猫粮

猫粮有很多种可选

"干粮"便宜，容易保存，味道较小，但由于水分少，有的猫咪不喜欢吃。"湿粮"比较贵，通常装在小包装或罐头里，打开后1～2天内必须吃完。"湿粮"水分大，味道也重，大多数猫咪都爱吃。此外还有猫咪零食、果冻型补水食品、流食型猫粮（供医疗或老年猫咪食用）等多种可选。

猎物的营养成分最理想

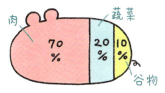

肉 70% 蔬菜 20% 谷物 10%

从老鼠等猎物身上获取的营养是最均衡、最理想的，也就是"肉：蔬菜：谷物=7：2：1"的比例。可以以此为标准选择猫粮。

看清营养成分

【配料表】

猫粮的包装上一定印有配料表，成分按含量多少排列，购买时请仔细确认。

不管是"干粮"还是"湿粮"，想必很多人家里喂给猫咪的都是买来的猫粮。猫咪原本以捕食小动物为生，因此爱吃热乎的、水分多的、富含蛋白质的食物。可以把"干粮"当基础粮，再适当搭配一些用开水加热的"湿粮"或煮鸡胸肉，这样能刺激猫咪的食欲，让它们吃得更满意。近年来开始有人亲自下厨给猫咪做饭，但应注意的是，猫是肉食动物，直接把我们的饭菜喂给它们是不合适的，请参考猫咪捕食老鼠等猎物时获取的营养比例给它们配餐。另外买来的猫粮上面都印有配料表，为了防止猫咪患上糖尿病等疾病，购买时应选择高蛋白、低谷物、低碳水的猫粮。

想不到猫粮有这么大异味！食盆放在哪里很重要

吃剩的猫粮是异味的源头

吃剩的猫粮放着不管会让家里充满难闻的味道，而且含肉量越高的猫粮味道越大。

难闻

猫粮的成分与气味的关系

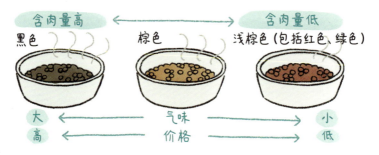

含肉量高		含肉量低
黑色	棕色	浅棕色（包括红色、绿色）
大 ←	气味	→ 小
高 ←	价格	→ 低

养猫的人家里有怪味，可能是猫粮造成的。为了迎合猫咪的嗅觉，猫粮的味道大都调得很重，且不说大量的"肉类成分"本身就会散发出强烈的气味。猫粮要是倒多了或是吃剩了，都会成为异味的源头。另外，吃剩的猫粮如果放着不管，有时转眼就会引来害虫。为了不让剩饭助长细菌的滋生，猫咪吃完后应尽快处理掉食物残渣，并把食盆洗净。如果没有条件及时处理，就把食盆放在换气扇和空气净化器的旁边吧。顺带一提，最近已经能买到小巧又安静的空气净化器了。猫粮的味道并不好闻，别让它散发得满屋都是。

用什么容器给猫咪盛猫粮？
不一定要用专用食盆

猫咪喜欢这样的食盆

高100毫米，深30毫米，这是能让大
多数猫咪吃得舒服的食盆尺寸。猫咪
吃两口就不吃了，可能是因为陶瓷和不
锈钢的食盆太凉，导致猫粮也变凉了。
可以考虑换成树脂的，或是在喂饭前先
用开水把食盆加热一下。

高: 约
100
mm

深: 约
30mm

直径: 不
会碰到胡
须就行

推荐使用可调节高度的食盆

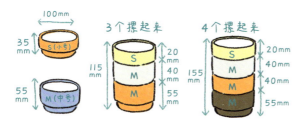

我家选的是人用的小号
碗和中号碗给猫咪盛饭。
虽然是给人用的浅碗，
但因为能摞起来，可以
按照猫咪的需求调节高
度。进食后容易呕吐的
猫咪可以考虑摞四层。

食盆这种东西，其实不讲究也没什么，不过从猫咪的角度出发，一定是
用不会碰到胡须的、有沿的、不深不浅的、有一定高度的食盆吃饭更
舒服。猫食盆有很多种，不过我更愿意给它们使用人的餐具，因为这些器皿
更能与家里的环境融为一体。我家给猫咪使用的是专门为儿童开发的合成漆
器，安全舔舐、耐热性强、不怕磕碰，到了冬天也不会变得冰凉，而且可以
摞起来使用，能按照猫咪的需求调节高度。相比之下，树脂食盆容易滋生细
菌，需要勤洗，一旦刮花便不得不丢掉。陶瓷和不锈钢的食盆虽然不存在卫
生隐患，但是一到冬天就会变得冰凉。天冷了给猫咪喂"湿粮"，最好连食
盆也一起加热，这样能让猫咪吃得更香。

与猫同住
铲屎官的幸福
养猫指南

吃得太多?
通过调节饭量给肥猫减肥

定期量体重，日常勤管理

猫咪也分易胖体质和不易胖体质。猫粮包装上的建议投喂量只是一个大致的标准，具体喂多少还要因"猫"而异。定期给猫咪测量体重，帮助它们保持健康的身材吧。量体重时如果猫咪乱动不配合，可以抱着它一起测，或者把体重秤放在凳子上。一些新式的体重秤甚至增加了能自动减去人类体重的"宠物模式"。

几只一起养，更要严管理

如果家里养有两只猫咪以上，贪吃的那只会吃掉别的猫咪的粮，结果往往是能吃的越来越胖，不能吃的一直很瘦。因此，投喂量一定要分开管理，投喂后一定时间内（比如30分钟）吃不完的粮要及时回收。实在拿抢食的猫咪没办法的话，就只好隔离进食了。

猫咪发胖是因为粮喂得太多。和人一样，肥胖也会给猫咪带来各种疾病，因此能不胖最好就不要胖。每天投喂不设限、食盆里少了就添上、食盆永远是满的、猫咪要饭有求必应，这些都是容易导致肥胖的原因。猫的运动能力很强，只靠在家里的那点运动量，不可能达到减肥效果。要想控制体重，只能从控制投喂量着手。猫粮包装上的建议投喂量只是一个大致的标准，为了让猫咪的体重保持在3～5千克的正常水平，我们需要根据每只猫咪的实际情况增减猫粮：原则上，胖了就减，瘦了就添。

家里有个经常呕吐的崽，地板材料要选对

吐了"没事"和吐了"有事"的地板材料

实木地板	上过漆的实木地板抗污能力强，但接缝处一旦渗入尿液，味道也会跟着进入。猫咪走在上面容易打滑，不过也有经过防滑处理的宠物用实木地板。	瓷砖	抗污能力强。但走在上面容易打滑，对猫咪腰腿的负担较大。夏天凉爽招猫咪喜欢，冬天冰凉被猫咪嫌弃。有支持地暖的款式。
塑料地板	通常铺在有上下水的房间，抗污能力强。价格便宜，种类繁多，但外观略显廉价。抓挠会留下痕迹，不过也有防抓挠的宠物专用款式。	软木地板	防水、抗污能力强，质地软，对猫咪腰腿的负担较小。触感好，冲击力吸收性能强，不过有的猫咪喜欢拿它磨爪子，或是抓挠接缝处。
拼接地毯	脏了的部分可以直接替换掉，部分款式支持在家水洗。容易滋生跳蚤和螨虫，打扫需尽心。务必选择不会勾住猫爪的割绒款。	榻榻米	污渍容易"吃"进去。被猫咪尿了要用食醋去味，如沾上呕吐物，可以先清理，后用小苏打清洗。具有超强的耐冲击性。可能会被猫咪抓挠，建议两面用，或者更换席面。

猫咪经常吐毛球，但要留意毛球里是否掺杂着其他东西。如果猫咪吐完毛球后就好了，可以先观察；如果吐得很厉害，还没有精神，可能是生病了，赶快带它去医院吧。有的猫咪在进食后的几小时内会吐出没有消化的食物，这种情况可能是体质问题，也许是压力所致，或是食道和肠胃生病了，也可能没有具体病因，或是由其他部位的疾病引起的，总之还是去医院检查一下吧。把食盆垫高，并让猫咪在饭后站立一会儿，可以在一定程度上减少呕吐的发作。这些年越来越多的猫咪开始出现食物过敏的问题，可以带它们去能够检测过敏原的医院，听听兽医的意见。

第三章

与猫同住基础篇『养猫必备常识』

75

让猫咪"想喝水"的时候就有水喝

寻找猫咪的饮水点

在猫窝和猫步道之间有一条猫咪的必经之路，把水放在路边以及猫咪视野范围内的其他地方，猫咪路过时发现了水，便增加了一次喝水的机会。

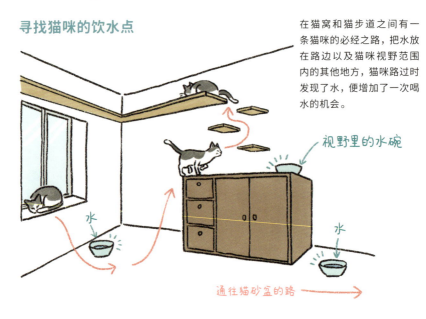

视野里的水碗

水

水

通往猫砂盆的路 →

猫 的祖先生活在干旱地区，平时靠捕猎小动物摄取水分，因此就算不喝水，身体也没有大碍。但是家猫不同，由于猫咪干粮的含水量低，只靠这个过活的话就需要积极补水了。另外从预防肾病的角度出发，也应该让猫咪多喝水。对猫咪来说，"想喝水"的时候附近就能有水喝是最理想的。在它们经常通过的地方多放几个水碗吧。水碗不一定要放在地上，放在高一点的地方，比如家具顶上，也是个不错的选择，那里不容易落灰尘，更卫生。我家的5只猫，平时主要在起居室一侧活动，因此我在这边分散设置了四五个饮水点，在工作室那一侧也有一个。

想让猫咪多喝水，
喂水方式很重要

总之多做尝试

猫咪在奇怪的地方喝水，原因有很多。水是透明的，在猫咪眼中不易分辨，它们对着水龙头喝水，很可能是因为听到了"哗啦哗啦"的水声，另外也可能是因为它们不喜欢用太小的容器喝水。如果猫咪的饮水方式和饮水场所让人头疼，我们能做的也只有多多尝试，直到找到一个猫咪喜欢、我们也能接受的饮水方案。

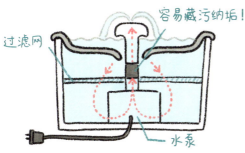

容易藏污纳垢！

过滤网

水泵

自动饮水机要经常清洗

我们总倾向于认为，自动饮水机里的水应该永远是干净的，卫生又让人放心，然而使用的时间长了，送水管里会长满细菌，变得又黑又脏。此时过滤网已经形同虚设，不论怎么循环，水都是脏的。家里有自动饮水机的话，一定要时常清洗。

想必很多人家里都是用陶质的水碗给猫咪喝水。猫咪对气味很敏感，清洗水碗时建议不要使用洗涤剂，用手把黏液蹭掉就好。猫咪大都喜欢喝新鲜的水，每天多给它们换几次水吧。有的猫咪喜欢在奇怪的地方喝水，应尽量帮它们改正过来。对于那些总惦记着喝洗澡水的猫咪，可以把自来水放置一天，等漂白粉味儿散掉，盛在一个大碗里，它们就肯喝了。喜欢从洗漱台或水龙头里喝水的猫咪，可能是被流水的声音吸引了，也可以用自动饮水机给猫咪喂水，但饮水机的送水管长时间不清洗会发黑、长满细菌，反而对猫咪的健康有害。不要太相信过滤网的净化能力，凡是会沾到水的地方都要每天清洗。

第三章

与猫同住基础篇《养猫必备常识》

什么都吃的"异食癖"该如何应对

对策就是把东西收好！

凡是猫咪可能误食的东西，都要放在猫咪打不开的、带锁的柜子里，或者放在猫咪进不去的房间里，彻底不让这些东西"落入猫手"。

这个口感，里面没准儿有吃的

咔哧咔哧

异食与材质有关

我家的斑点也有"异食癖"。所有它可能会吃的东西，我都尽量收好，但还是有一些给猫咪用的毯子留在了外面。聚酯纤维，闻起来大概和它幼年流浪时为了找吃食而翻过的垃圾袋有点像，所以别看是它不吃的东西，同样有必要收好。收拾东西的过程中，我发现它虽然吃尼龙、棉麻等布料，但对腈纶的东西却兴趣不大。于是我把毯子和洗碗海绵都换成了这种材料。

患 有"异食癖"是指猫咪会进食一些不是食物的东西。幼猫会对感兴趣的东西又舔又咬，这个过程中难免发生误食，但成猫基本不会。据说过早离开猫妈妈的幼猫更容易患"异食癖"，我们不妨把它当作一种独特的"习性"来看待。被吞下的异物可能阻塞肠道，轻者开刀，重者致死。制订对策时，我们首先要搞清楚吸引猫咪异食的物品是什么，比如塑料袋、毛毯、西服、毛巾、海绵等。找到以后，就可以把这类东西连同类似材料的东西一起，要么从家里清走，要么彻底收好，总之不能让猫咪碰到。富含纤维素的猫粮、猫草、在地上滚动时能摇出干粮的犬用橡皮球，这些东西都具有转移注意力、缓解"异食癖"的效果。

猫咪不会得蛀牙，但牙周病会让猫咪食欲不振，危害猫咪的健康，严重时还需要在全身麻醉的情况下给猫咪做拔牙手术。

预防牙周病，刷牙是最有效的方法。猫咪在6个月大以前据说能通过训练接受用牙刷刷牙，成猫的话就只有靠奖励一点点地训练了。几乎所有的猫咪都会表现得十分抗拒，由于很花时间，对人的耐心也是一个极大的考验。如果猫咪允许你触碰它的嘴和牙齿，可以使用涂抹型的宠物牙膏来预防牙周病。还有一种兑水使用的洁齿水，但有的猫咪可能不喝。

还有一个办法是以"吃"刷牙。比如可以购买具有洁齿效果的猫粮和零食，或者可以把鸡翅用开水焯一下，让猫咪嚼碎了吃，同样能起到护牙的效果（鸡翅不能煮太久，否则骨头会变硬，咬断后会扎伤猫咪的喉咙）。家里有好几只猫的话，引起牙周病的细菌会在猫咪之间传播。虽然不能阻止它们共用一个水碗和互相舔毛，但食盆是可以分开使用的。洗得勤一点，尽量保证食盆卫生吧。

咬一咬，
牙齿更
健康

投喂有洁齿效果的猫粮和零食

口腔护理

打造舒适的环境，
让猫咪睡得更香

˅ 睡觉是猫咪的本职工作！

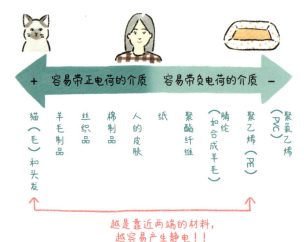

越是靠近两端的材料，
越容易产生静电！！

无论是正电荷还是负电荷，当带电物体接触零电位物体（接地物体）或与其有电位差的物体时，都会产生我们日常见到的火花放电现象（电荷转移）。

猫咪为了能在日出和日落时有充足的体力外出"捕猎"，整个白天都睡得很沉。不过在入睡之前，它们首先要动用"五感"，为自己找一个最舒服的地方。室温、湿度、通风情况，除了这些环境因素外，它们还会根据皮肤触感、柔软程度、表面温度来决定在哪里睡觉。为了不让脏器集中的腹部受凉，冬天时它们会避开冰冰凉的材质，即使在夏天也喜欢在暖和的地方入睡。猫咪睡觉的地方容易成为跳蚤和螨虫的温床，一定要经常清扫。冬天"撸猫"时如果"起静电"了，猫咪会觉得"自己被人类弄疼了"，心里是相当不爽的。用化学纤维制成的猫窝容易带负电荷，而猫毛容易带正电荷，都很容易摩擦起电。可以在猫窝上铺一张棉布，并设法给屋里加湿，以此减少静电产生。

【 不能太凉、不能太热，调节温度要细心 】

猫咪觉得舒适的温度和湿度

有的猫咪怕冷，有的猫咪怕热，每只猫对温度的感知都不同。猫咪常待的地方一定是它觉得舒服的地方，只要用心观察那里的环境，就能了解猫咪的喜好。让家里保持在我们和猫咪都觉得舒服的温度吧！

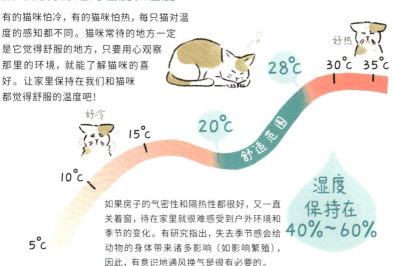

好热
30℃ 35℃
28℃
好冷
15℃
20℃
舒适范围
10℃

5℃

如果房子的气密性和隔热性都很好，又一直关着窗，待在家里就很难感受到户外环境和季节的变化。有研究指出，失去季节感会给动物的身体带来诸多影响（如影响繁殖），因此，有意识地通风换气是很有必要的。

湿度保持在40%～60%

猫 的身上几乎没有汗腺，因此它们不能像人类那样靠出汗调节体温。猫咪觉得舒适的温度是20～28摄氏度，它们会通过让自己待在这样的地方，将体温保持在正常范围内。天热时，涂抹在毛发上的唾液会带走一部分热量，给猫咪降温；天冷时，猫咪会蜷缩在暖和的地方，以免热量散失。我们可以测量一下猫咪常待的地方的地面温度，并以此为标准调节室内温度。猫咪觉得舒适的湿度是40%～60%，不过相对于湿度，它们更容易受到温度的影响。如今，越来越多的独栋住宅开始将高隔热性、高气密性的建筑规格与空调系统相结合，以便让家里的每个角落在一年当中的任何时候都能保持舒适，不过，这也使居住者对季节变化的感觉不再像以前那样清晰。如果住的是老房子，可以强化一下隔热性能，以免屋里太热或太冷。住公寓的话，夏天要当心阳光从窗户直射室内，使室内温度升高，导致猫咪中暑。而夏季最有效的防暑措施，就是将阳光挡在窗外。

猫咪觉得舒服的地方在哪里？
了解适合猫咪睡觉的区域

原因

原因有很多种，比如同住的人类经常打扰猫咪，猫咪想不被打扰地睡个好觉，就躲了起来。此外，如果家里只有1只猫，它可能会因为不信任人类、害怕人类而躲起来。家里有好几只猫的话，躲起来可能是因为受到了其他猫咪的攻击。

关注那些藏起来的猫咪

衣柜里、沙发底下、冰箱上，如果你的猫咪总是藏起来，原因可能有以下几种。①喜好问题：猫咪原本就喜欢黑暗、狭窄的地方；②环境问题：家里太热或太冷；③身体不舒服：猫咪如果表现反常，明显没有精神，还哈人，最好带它去医院；④跟人类及其他猫相处不来，不得不藏起来。最后这个是最头疼的问题，好好想想怎么缓和关系吧。

对策

不论是哪种情况，首先要把猫咪的藏身处封起来，不让它继续躲藏。同时，如果问题出在人的身上，我们就要用行动告诉它：不用再躲起来，不会再做你不喜欢的事了，放心吧。猫咪不再躲藏以后，可以把它暂时放在它信得过且人能看到的地方。如果是因为猫咪之间存在矛盾，我们在处理的时候就要更谨慎一些。

每 只猫咪觉得舒服的地方都不一样，有的喜欢待在桌子底下；有的喜欢待在椅子和沙发上，让大家都能看到自己；有的喜欢待在高处，俯瞰整个房间。此外，猫咪也会根据自己和人类及其他猫咪的关系，来判断待在哪里更好。通常来说，猫咪会跟人类及其他猫咪保持舒适的距离，然后待在它们觉得舒服的地方，比如暖和的地方。猫咪躲在衣柜或壁柜里一定是有原因的，如家里让它觉得不开心、跟人类及其他猫咪相处不来、身体不舒服等。如果家里可以躲藏的地方太多，猫咪就会一直躲着不出来。这时候，我们需要封住一些藏身处，并引导猫咪走出来，让它不再害怕和大家待在一起。

适合猫咪睡觉的尺寸

宽度：15厘米

用来摆放小型平装书或袖珍本等小开本书籍和小物件的柜子。这种柜子一般深度较浅，也比较矮，可以当作猫步道使用，但用来睡觉的话，就显得有点窄了。虽说在只有10厘米宽的地方猫咪也能卧倒，但要想踏实地睡上一觉，这么窄显然是不够的。

宽度：20～25厘米

用来摆放单行本、B5尺寸等开本更大的书籍的柜子，深度一般在20～25厘米。这样的宽度，作为猫步道已经很理想了，趴在上面睡觉也不是不行，但是考虑到柜子的高度，万一掉下来可能会有危险，所以不推荐给猫咪睡觉使用。

宽度：30～40厘米

以中等尺寸的储物架为例的鞋柜、碗柜、电视柜、椅子等家里面的大部分家具，深度都在30～40厘米。这个宽度足够猫咪躺在上面踏踏实实地睡觉了。如果想让猫咪睡在家具上，宽度至少要有30厘米。

宽度：60厘米

一些存放西服的箱子和衣柜的深度能达到60厘米（厨房台面、冰箱、洗衣机的深度也大都是这个尺寸）。如今家家都使用壁柜，衣柜已经很少见了，不过单从尺寸上说，这样的家具是能让两只猫咪趴在一起安心睡觉的。

哪些猫咪真的需要猫步道和猫台阶

猫咪不喜欢用就白费力气了

猫咪适用和接受猫步道及猫台阶的年龄

猫咪的年龄	对改建及安装猫步道和猫台阶的接受度
0～1个月　奶猫	哺乳期的奶猫体质虚弱，死亡率高，应避免一切不必要的环境变化。
2～12个月　幼猫	不到1岁的幼猫体格尚未定型，应避免环境变化。
1～6岁　成猫	成猫能适应较大的环境变化，建议在这个阶段安装猫步道和猫台阶。
7～11岁　中高龄猫	进入中年后，猫咪活动意愿开始下降，如果打算改造房间，这是最后的机会。
12岁～　高龄猫	猫咪的健康状况会因为压力而变糟，应避免较大的环境变化。建议加装地暖，让室内保持温暖。

在家里安装猫步道和猫台阶很拉风，想必很多人都动了改造的念头，不过，也不是所有的猫咪都有这个需求。比如天生患有软骨病的苏格兰折耳猫、专门为观赏而生的几乎不怎么运动的波斯猫、腰腿孱弱的高龄猫，它们就不需要猫步道和猫台阶，使用不当反而会受伤。或者，家里住的是大平层或二层小楼，但猫咪只有一只，这种情况也是不需要的。猫咪对大幅环境变化向来很抵触，特别是家有高龄猫的情况下，不建议加装猫步道和猫台阶。1～6岁的成猫运动量大，适应力强，这个阶段是最适合安装的。如果感觉猫咪确实需要，就在安全这一大前提下尽量满足它们的需求吧。

安装猫步道
安全放心最重要

这样的猫步道一定不能要！

透明材料

猫咪因为静态视力不好，看不清透明板材，站在上面可能会害怕。而由于动态视力出色，如果透明板下方有物体在动，猫咪被其吸引后可能会不慎从步道上摔下来。另外，猫咪一旦认识到"透明板上方是可以行走的"，便有可能误以为一些悬空的地方也有透明板，进而酿成事故。为了猫咪的安全着想，最好不要安装透明步道。如果已经安装了，请贴上不透明的贴纸，减少透明的部分。

吊桥型

猫咪害怕站在不平稳的地方，这种步道猫咪通常不会喜欢，也不会想要使用，因此不建议安装。非要让它们使用的话，一定量的训练是免不了的。

猫 的祖先原本生活在树上，这就是为什么猫咪大多喜欢高处，也擅长爬高。从高处俯瞰地面，能让猫咪觉得安全和踏实，猫咪对猫步道和猫台阶的需求，正是建立在这种习性之上。一只运动能力较强的猫咪，原地纵跳可达1.5米高，在助跑和借助踏脚点的情况下，更是可以轻松跃过2.5米高的墙壁。别看猫咪平时乖巧，一旦受到惊吓或遭遇不测，它们将爆发出惊人的能力。另外，在安装猫步道时，最好不要使用自然界中不存在的透明材料以及猫咪本能不愿接近的不稳定结构，使用这样的材料和结构相当于置它们于危险之中。既然是给猫咪安装的，比起我们的需求，其实更应该把猫咪的喜好和安全放在首位。

很快就腻了？
给猫咪一个愿意爬上去的"目标"！

猫咪走上猫步道的3大"目标"

1 能看到窗外

猫咪的好奇心极强，能获取大量信息的窗边对猫咪来说是一个充满刺激和快乐的位置。

2 能看到人

俯瞰人类的一举一动，这是大多数猫咪的乐趣所在。能享受这种乐趣的地方，就是猫咪想去的地方。

3 能睡觉

顺着猫步道能去到的地方，是个不被打扰、能安心睡觉的好地方。

猫咪上去以后……

照片中是可以收纳鞋子的猫台阶鞋柜。上面的玻璃窗是透明的，猫咪爬上去以后可以欣赏外面的景色。

（平井猫之家，里屋右侧：房龄60年，经过改造的平房）

为了让猫咪爬上爬下，主人在家里可以安装猫爬架和猫台阶。对此，有的猫咪可以不厌其烦地跑上跑下，有的猫咪则转眼就腻了，再也不去理睬。猫的智力据说与3～5岁的孩子相当，换作是这个年纪的孩子，对缺乏变化的玩具大概也是会很快失去兴趣吧。要想不让猫咪厌倦，就要给它们创造出爬上去的理由。比如上去以后有窗户，能看到外面的风景，或是能蹿到另一个有人在的房间去，或是能找到一个适合睡觉的地方，只要有了目标，猫步道就会成为猫咪们的必经之路。相比单一的目标，一条能同时实现多个目标的猫步道更具有吸引力。

"穿越"到另一个空间，一种让猫咪欣喜的体验

体验钻过墙洞和夹缝的感觉

利用猫步道以及一个小小的洞口将不同的房间连通，猫咪会非常享受从洞口钻进钻出的感觉。用这种方式满足猫咪旺盛的好奇心吧！

对头顶上的高度变化也很敏感

在猫咪看来，从家具底下钻出来，就是来到了一片新天地。体验空间的变化对猫咪来说是一种很好的刺激，尽可能将这种体验与猫步道和猫台阶结合在一起吧。

猫咪因为感觉敏锐，比起人类，能从空间中读取到更多的信息。脚底肉垫上的触感能让猫咪分辨出不同的地板材质，胡须能够测量出周围空间的大小，听觉能够捕捉到回荡在房间里的声音，视觉能够洞悉房间里的明暗变化，嗅觉能让猫咪识别出附近的物体和人类。大概因为这些感觉过于细腻，当猫咪穿过一道门或是墙上的小洞时，它们会认为自己进入了一片完全不同的空间。有研究指出，猫咪在家里的生活区域，至少要达到"猫咪的数量+1个"。不过，即使住在一居室里，只要能增加猫咪的"穿越体验"，让它们在感觉上认为那里有很多房间，就能提升猫咪的满足感。为猫步道和猫台阶增加"穿越体验"，可以帮助猫咪调节情绪，哪怕前一秒还在疯跑，穿过洞口时的新鲜感也足以让猫咪平静下来。为了猫咪的幸福着想，多为它们创造这种条件吧。

【 猫咪比你想象中的
更容易掉下来 】

猫步道不要装得太高

安装猫步道时，我们可以用以下几个问题来判断高度是否合适：① 猫咪不舒服，趴在上面动不了的时候，能把它救下来吗？② 方便打扫吗？③ 猫咪掉下来会有危险吗？另外，很多猫咪都是登高容易下来难，因此，猫步道还是不要装得太高比较好。

通常来说，只要是人站在椅子上能够到的高度，管理起来就不会有问题。我家因为把房梁当成了猫步道，位置上会高一些，不过借助人字梯的话，还是可以把猫咪安全放下来的。

在人们心目中，猫咪身手敏捷，擅长跳跃，运动神经超群。而在现实中，猫咪也确实能够做到在与自己脚面同宽的 3 厘米宽木条上平衡行走。猫咪拥有超强的运动能力，然而自从住进了人类家里，由于神经彻底放松下来，它们有时候竟会睡着睡着从高处掉下来；或是在激烈追逐时，被逼到"悬崖"边上的猫咪因为刹不住脚，就跌了下来。特别是长毛猫，由于脚底的肉垫周围长满了毛，跑起来容易打滑。这些毛发虽然能用剪刀修剪，但大多数猫咪都不愿配合。为此，我们在安装猫步道的时候应选择防滑材料，并在猫咪可能掉落的地方铺设安全性更高的地板材料。

既然会掉下来，就要选择冲击力较小的地板材料

缓冲材料

可以吸收冲击力的实木地板

在实木地板下面铺一层橡胶垫材，可以提高其耐冲击性。不同厂商出品的实木地板，规格与耐冲击性均有所不同，可选范围很大。

榻榻米

总的来说，榻榻米是一种耐冲击性能优异的地板材料。传统的榻榻米（稻草芯）因为特别厚，对猫咪腿脚的负担最小。榻榻米坐垫和泡沫榻榻米相对来说硬一点，耐冲击性能也差一些，不过仍然比普通的实木地板安全。

沙发类家具

如果在楼梯间里安装了猫步道，担心猫咪不慎从高处掉下来，可以在它们可能跌落的地方，有针对性地放一件柔软又有弹性的家具，比如沙发。

根据用途选择地板材料

下面针对几种常见的地板材料，从耐冲击性、清洁难度等角度进行了评价，大家在选购时可以自行参考。

地板材料的种类	实木地板	地毯	拼接地垫	塑料地板（拼接或整张）	软木地板	榻榻米	瓷砖	石材	砂浆
耐冲击性	×①	○	○	○	○	○	×	×	×
清理猫毛的难度	○	×	×	△	○	○	○	△	○
吸附猫毛的能力	×	○	○	△	○	○	×	×	×
抗污能力	○②	×	○	○	○	△	○②	○②	○③
抗抓挠能力	○	○	○	△	△	△	○	○	○
防滑能力	×	○	○	○	○	○	×	△	△

○: 优　△: 中　×: 差

①：如前文所述，也有能吸收冲击力的实木地板。②：实木地板、瓷砖、石材等虽然本身抗污能力较强，但要小心猫咪在接缝处尿尿。③：需要涂防水材料。

猫步道和猫台阶的 "宽度、高度" 设计指南

猫步道的宽度应大于 20 厘米

20 厘米

其实 10 厘米也够用，但为了减少风险，还是把宽度定在 20 厘米吧。

25～30 厘米

宽度超过 25 厘米，两只猫咪能够错开通行。超过 30 厘米的话，不仅更安全，还能减少猫咪蹭墙时留下的污渍。

40 厘米

如果想让猫咪在上面睡觉（当作一个生活空间），宽度至少要达到 40 厘米。足够宽的板材可以在设计上增加更多变化，比如在上面开两个洞，供猫咪穿行。

大于 3cm

窄也有窄的办法

加装边缘

无法保证宽度大于 20 厘米的情况下，为了防止猫咪掉落，可以在外侧加装边缘。边缘的高度应大于 3 厘米。由于整条猫步道都加装边缘不利于打扫，可以适当留一些空间。

加装防滑层

在猫步道上贴一层防滑材料，如地毯，用强力双面胶粘贴十分方便。脏了可以拆下来清洗，或直接更换。

猫台阶的落差为35～40厘米

给标准体形的猫咪使用的猫台阶，落差应为35～40厘米。如果是曼基康这类短腿猫，落差应为15～20厘米。虽说猫咪能轻松跃起60厘米，但出于年龄和安全因素的考虑，落差还是小一点比较好。

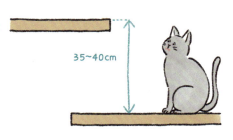

35~40cm

设计上要确保猫咪下得来

猫咪擅长登高，它们往上蹿的时候从不知道害怕，可是等到要下来的时候，很多猫咪却慌了神。为此，在安装猫台阶时，为了能让猫咪安全地下来，台阶之间的间隔一定不能离得太远。

好可怕

注意间隔不要太大

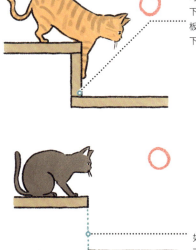

可以在两级台阶之间竖着装一块板。下台阶时，猫咪会把前腿搭在这块板上滑下来，相当于我们扶着扶手下楼梯，这样心里就踏实多了。

可以把上下两层错开，这样就不怕猫咪掉下来。猫咪们也会觉得这样更安全。

如果条件不允许安装竖板，也无法将上下两层板材错开，那么至少要将边缘对齐，确保中间不留空隙，以免失足掉落。

91

装在哪里？怎么安装？
关于整体规划时的注意事项

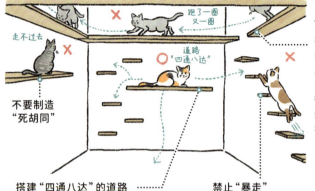

走不过去

跑了一圈又一圈

道路"四通八达"

不要制造"死胡同"

切勿形成"环线"

在四面墙上都安装猫步道，猫咪不但会在上面疯跑，还可能因为不需要下地就能过得快活，导致对人类失去兴趣。在1～2面墙上安装就可以了。

搭建"四通八达"的道路

家里猫多的话，猫咪们可能会因为"道路堵塞"而大打出手。另外，地位较低的猫咪可能会被其他猫咪堵在"死胡同"里。所以猫步道上最好能有一些岔路，让所有"狭路相逢"的猫咪都有路可走。

禁止"暴走"

从安全角度出发，猫台阶在设计上不能让猫咪在上面疯跑。如果把台阶设计成一条直线，猫咪可能会忘乎所以地跑上跑下。遇到直线就想猛跑，这是猫咪的本能，但是跑得太快难免会有危险，因此最好不要设计成一条直线。

在家里安装猫步道时，切忌把工程搞得太大。可能有人打算在家里满满当当地安装猫步道，但我不建议这样做，原因是猫咪一旦在猫步道上过得太舒服，会逐渐不愿与人亲近。不仅如此，如果猫步道在房间里形成了"环线"，或是有较长的直线步道，猫咪就会停不下来地在上面"暴走"，非常危险。特别是有好几只猫，猫咪们会把猫步道堵得水泄不通，在上面追跑打闹，很容易发生坠落事故。针对这种情况，我的建议是多修岔路，杜绝"死胡同"。推荐安装猫步道的房间包括起居室和书房，这些地方都是经常有人在的。反过来说，不推荐在厨房、卧室和楼梯间的上半层安装。在厨房里装猫步道有两大问题，一是猫毛满天飞不卫生；二是有烫伤猫咪的风险。卧室里安装猫步道容易导致猫咪从高处跳到人的身上，把人砸伤。而楼梯间里都是台阶，没有平地，猫咪从高处跳下来可能会因落地不稳而受伤。

人和猫咪都能使用的猫台阶

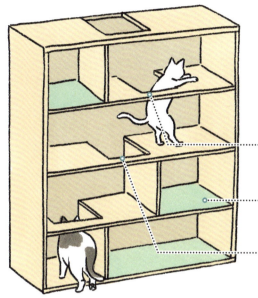

我家的猫台阶可以当成柜子使用，严格来说应该叫"猫柜"。这个猫柜是我亲手制作的。我把柜子的每层隔板上都开了洞，猫咪可以顺着这些洞爬上柜顶，然后前往房梁上的猫步道。

被裁掉的部分长20厘米，宽15厘米，一般猫咪都能通过。

猫台阶以外的部分还能当柜子使用。

每层的洞都是错开的，在猫咪看来就像台阶一样。

用隔断收纳柜控制猫咪的进出

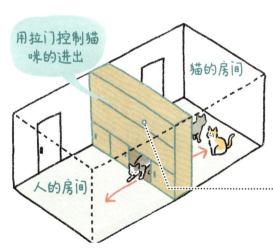

用拉门控制猫咪的进出

猫的房间

人的房间

和多只猫住在一起时，最好能给猫咪单独开辟一个房间。为了不让这个房间与家里的其他地方隔绝，我们可以把隔断收纳柜改造成猫台阶，并利用隔断上的拉门控制猫咪的进出。

作为隔断的收纳柜两面都能使用，柜子上的拉门能控制猫咪的进出。打开门，猫咪可以来到人类的空间与人交流。关上门，猫咪们便能享受自己的世界。

93

【 让猫咪来去自如的 猫步道和猫台阶 】

具有收纳功能的猫台阶"猫柜"（详见第93页），爬上去可以前往房梁上的猫步道。

家里（平井猫之家）自从安装了猫步道，5只猫咪都过得很开心。不同高度的生活空间允许猫咪们根据当天的心情，找到彼此都感到舒适的距离。

起居室一侧

安装在猫步道上的木箱子"猫屋"，猫咪可以从箱子上的窟窿爬进去睡觉。正面的盖板可以打开，万一猫咪遇险躲在里面不出来，也能将其抱出。盖板能从下方锁住，这样就不怕猫咪掉下来了。

虽说安装了猫步道，但屋子下面也要好好打理才行，以免猫咪整天待在上面不下来。想散心了、想换个地方睡觉了、想跑两步了、想和客人打招呼了、想离别的猫咪远一点了，猫咪自然会从上面下来。

工作室一侧也配备了多功能的猫台阶"猫柜"，这边的猫柜是用来放书的。爬上去后可以前往房梁上的猫步道和阁楼，并经由那里在工作室和起居室之间穿行。猫咪有时候会跟着人跑来工作室，有时候则是为了踏踏实实上个厕所，跑来使用这边的猫砂盆，总之非常随性。

猫咪趴在"猫柜"上俯瞰工作中的人类。

工作室一侧

DIY新手的心得：
"避开技术活"

为了猫咪搞DIY，到底好还是不好？

DIY

还是该买呢……

商品

该自己做……

DIY的好处

- 能做出适合自家崽的东西。
- 相比请外人来家里施工，自家人干活带给猫咪的压力比较小。
- 可以随着猫咪年龄的增长，逐渐调整房间布局。
- 铲屎官为自家崽出力，内心得到了满足。

DIY的坏处

- 铲屎高手未必是DIY高手，不擅长或做不来都有可能。
- 好不容易做出来的东西，也许猫咪根本不会用。
- 因为不懂装修和DIY，做出来的东西可能存在安全隐患。

可 能很多人都有亲手制作猫咪用品的想法。通常来说，DIY只需要出材料费就可以，比较省钱，而且能做出符合自己喜好的东西，但是相应的，成品的好坏全看手艺。新手DIY，往往找不着方向，不知从何下手，可能会花很多钱把工具买齐，也无法做出理想的成品，不得不说门槛还是比较高的。身边如果没有懂的人指导，光是弄懂工具和材料就得花不少力气。由于远比想象中麻烦，有的人在尝试过程中就放弃了。另外从猫咪用品的特殊性出发，值不值得去DIY也需要我们考虑。为了方便大家上手，本书中介绍的DIY实例，已在工具和工序上力求精简。其中一些方案是租房住时也能实现的，希望能为想要DIY的铲屎官提供一些参考。

事前应掌握的DIY基础①：
了解墙壁的结构

从外表无法判断墙的种类与DIY难度

一面墙通常由立柱和墙体组成，使用的材料包括木材、钢架和钢筋混凝土。立柱之间的墙体以木材或轻钢龙骨为框架，外面是胶合板或石膏板，用螺丝固定，最外面覆盖涂料或壁纸。

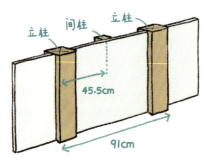

传统墙

能看到立柱的墙，多见于传统的和风建筑以及老式的木结构住宅。立柱的间距通常为91厘米或182厘米。（左图以立柱间距91厘米为例）"间柱"夹在墙体中间，与立柱相隔30.3厘米（2根间柱）或45.5厘米（1根间柱）。立柱和间柱上面能拧螺丝。墙体若是土墙，则无法在墙面上拧螺丝。另外，长押和鸭居（即门框上方的横木）上面也能拧螺丝，改造时可以利用起来。

DIY 新手安装猫步道，想必都是先用螺丝在墙上固定承重五金件，再在上面搭板。这种情况下，首先应该确认墙上是否能拧螺丝，而这一点则是由墙体结构决定的。如果最外层的装饰材料下面是胶合板等木材，便可以拧螺丝；但如果下面是石膏板，直接拧螺丝会把石膏板钻裂，螺丝也就拧不上去了。在石膏板上固定螺丝，需搭配专用零件（详见第99页）。石膏板是一种在住宅装修中被普遍使用的材料，DIY之前一定要留心检查。由于房屋和墙壁的结构决定了DIY新手能否直接使用螺丝，现在就让我们从墙壁开始，对自家住房取得进一步的了解吧。

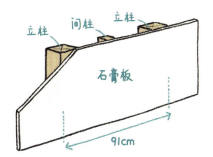

木结构墙

在木结构的立柱外侧覆盖板材的墙壁，常见于现代的木结构住宅以及老式的钢结构和钢筋混凝土建筑。若是木结构住宅，立柱间距通常为91或182厘米，外侧大多覆盖石膏板。螺丝需固定在立柱和间柱上，DIY之前需利用探测器找准位置。这种墙表面平整，适合改造。

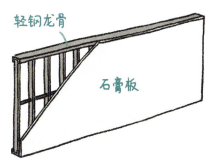

轻钢龙骨墙

在轻钢龙骨框架上安装石膏板等材料，最后进行粉刷，多见于钢结构和钢筋混凝土建筑。轻钢龙骨上无法固定螺丝，需利用探测器避开框架。石膏板上无法直接拧螺丝，固定时需搭配专用零件（第99页）。

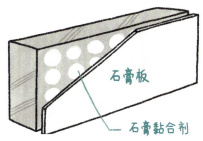

石膏黏合剂施工法墙

常见于钢筋混凝土建筑的施工方法。在水泥毛坯墙上以一定间隔涂抹大团的石膏黏合剂，在上面粘石膏板，最后做外部装饰。由于石膏黏合剂上无法固定螺丝，且在技术上也很难将螺丝固定在水泥墙上。因此，这种墙需采用和轻钢龙骨墙一样的方法，将螺丝固定在石膏板上。

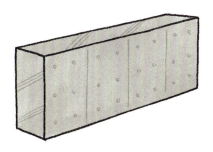

清水混凝土墙

裸露的混凝土墙，外侧不需要做进一步装修。和石膏黏合剂施工法墙一样，很难将螺丝固定在水泥墙上。由于在墙上打孔都难，因而不适合DIY新手操作，建议改用不需要螺丝的固定方法。

事前应掌握的DIY基础②：工具的选择及使用方法

螺丝刀一般使用２号

DIY一定会用到十字螺丝刀。螺丝刀前端的尺寸需要与螺丝帽上的沟槽匹配，每种尺寸都有编号。不一定要把所有尺寸的螺丝刀买全，DIY时用得最多的是２号，拧细螺丝时可能会用到1号。根据日本工业标准（JIS），1号、２号、３号十字螺丝刀的杆径分别为5毫米、6毫米、7毫米。

一些实用工具

卷尺

卷尺是DIY时经常会用到的金属质地测量工具。测量吊顶的高度和较长的材料时也不会弯曲，非常实用。

电钻

电动旋转，十分省力。将前端换成钻头后，能打简易的孔。有些电钻的价格并不贵。

墙体探测器

往墙上钉东西最好有墙体探测器。有贴在墙上用的电子式，检测到不同材质时会发出声音；也有通过穿刺寻找石膏板的，种类很多。

冲击钻

增加了冲击功能的电钻。既能干一些需要强压力才能完成的活儿，也能用来拧螺丝和打孔。DIY熟手和高手必备。

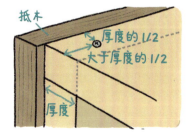

抵木
厚度的1/2
大于厚度的1/2
厚度

螺丝要拧在这里！

拧螺丝时，需根据板材的厚度判断拧在哪里。找一块木板抵住板材，可以提升板材之间的组合度。为防止板材开裂，可以事先在板材上打好底孔，不过这样就多了一道工序，DIY时可以省略。

【 事前应掌握的DIY基础③： 如何选择材料 】

板材方面，建议DIY新手只选木材

考虑到作业难度、材料价格以及安全性，建议DIY新手在为猫步道和猫台阶挑选板材时，只选木材。建材市场里木材种类繁多，可能会让人挑花眼，建议从重量、触感以及个人喜好的角度进行选择。市场里还能买到已经被切割成适当大小的"柜板"，只要尺寸合适，推荐购买。

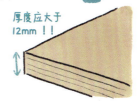

厚度应大于12mm！！

板材请选择厚度大于12毫米的，DIY时会比较好操作。板材越厚越结实，但也会变得更重，一定要注意。

选择木质板材时的注意点

① MDF　"MDF"（中密度纤维板）上无法拧螺丝，而且耐水性差，不适合用来制作猫步道，请不要买这种材料。

② OSB　"OSB"（定向结构刨花板）是用小块木片随机压制而成的，猫咪可能会用它来磨爪子，建议将表面打磨平整后再使用。

使用细杆螺丝
木板不易开裂

螺丝分为"全牙螺丝"和"半牙螺丝"。全牙螺丝是头部以下全部为螺纹，半牙螺丝则是从中间开始出现螺纹。半牙螺丝可以使木板之间结合得更紧密，而细杆螺丝可以使木板不易开裂，结合这两种特性选择螺丝，做工时会更顺手。

细杆半牙螺丝　厚度　大于10mm

细杆半牙螺丝

请根据板材的厚度选择螺丝。螺丝长度应大于"板材厚度+10毫米"。

空心墙膨胀螺栓

石膏板上也能拧螺丝！

石膏板上拧不住螺丝，就算螺丝能拧进去，也是晃晃悠悠的，螺丝易掉，造成板面易裂，无法承受猫步道的重量。可以先在石膏板上打入空心墙膨胀螺栓，再拧螺丝。

推荐使用承重能力达到54千克的大号膨胀螺栓。用钻头在石膏板上打一个对应尺寸的底孔，插入螺栓，再拧入螺丝。

事前应掌握的DIY基础④：
如何选择承重金属件

选购方法及３个要点

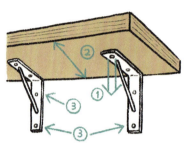

市面上有很多种承重金属件，每种的承重能力和适配的板材宽度都不一样，这些数据会标记在产品的货签或说明书上。缺少上述标记的产品很可能没有安全保障，不建议购买。对于有标记的产品，使用时请严格遵照产品说明。

选择承重金属件时应关注什么

① 承重能力
② 适配的板材宽度
③ 承重能力是一个金属件的数据，还是两个的合计

不同宽度的板材对金属件及墙壁施加的力是不同的

同样的金属件，支撑同一只猫的体重，搭配不同宽度的板材，受力也会有所不同。板材越宽，金属件和墙壁上的受力就越大，板材更容易弯曲变形。

金属件

金属件

弯曲变形

承重能力是一个金属件的，还是两个合计的？

计算负重时，不但要考虑猫咪的重量，也要将板材的重量计算在内。金属件的产品说明中，承重能力一项有时指"每个金属件的承重能力"，有时指"两个一起使用时的总承重能力"。若是前一种情况，两个一起使用时承重能力几乎会加倍。

金属件

体重的
5倍

根据猫咪起跳时的力道，推算猫台阶的承重能力

针对猫咪会用力起跳的猫步道，猫咪起跳时会用力蹬地，此时对脚下平台（猫台阶或猫步道上猫咪可能会起跳的位置）造成的负重会远大于猫咪的体重。因此在计算承重能力时，请计为"猫咪体重的5倍"。

家里有好几只猫应按猫咪挤在一起时的重量计算

针对猫咪不太可能会用力起跳的猫步道，在计算承重能力时，应把所有可能爬上猫步道的猫咪的体重加在一起，再加上板材的重量。例如，"猫A+猫B+猫C+板材"为"3千克+5千克+7千克+2千克=17千克"，靠3个金属件承重，那么每个金属件的承重能力应达到6千克。不过，考虑到家里有只7千克的猫咪，单个金属件的承重能力还是以大于10千克为标准吧。

C
7kg

B
5kg

A
3kg

板材
2kg

如果板材较宽，或者猫咪喜欢在某处"集体打卡"，考虑到猫咪会挤在一起，一定要确保这些地方的承重能力过关。仍然以"3只猫咪+板材重量=17千克"为例，如果所有重量都集中在1个金属件上，其承重能力至少要达到20千克才比较保险。

与猫同住
铲屎官的幸福
养猫指南

【 租房住也能制作的 简易猫台阶 】

建材市场里随处能买到SPF板材、组装好的木箱子，以及用于垂直固定SPF板材的木柱调节器，只需用这几件东西就能做出具有收纳功能的猫台阶"DIY猫柜"。因为不需要在墙上打孔，"租房住"这种不方便改造墙面的情况，也可以安装猫台阶。需要用到的工具只有卷尺和螺丝刀，制作起来非常简单。

材料及工具

- SPF 板材木柱 3 根
  （2×4木柱规格：38mm×88mm）
- 2×4木柱调节器 3 个
- 木箱（图中的尺寸为 370mm×260mm×186mm）
- 细杆半牙螺丝（规格：直径 3.5mm，长 20mm）
- 卷尺
- 螺丝刀
- 脚凳

（平井猫之家的邻居：被救助猫咪的专用房间）

木箱子上面可以让猫咪睡觉，里面可以收纳物品。立柱的柱脚上缠了绳子，供猫咪抓挠（详见第55页）。

* 使用2×4木柱调节器时，立柱长度为"地面到天花板或房梁高度-95毫米"。

步骤 1

准备好作为立柱的SPF板材（详见第54页），在3根板材的两端分别套入2×4木柱调节器（以下简称木柱固定夹）组件。套入后让木柱固定夹抵住地面，然后用力将板材插到底（安装完成的照片中，正面左侧为"柱A"，中间为"柱B"，右侧为"柱C"）。

102

步骤②

在柱A及柱C较宽的面上，用螺丝分别固定2个木箱。安装时，将木箱侧面与立柱的边缘对齐。木箱顶端在立柱上的位置分别为：柱A，距离柱脚1100毫米及1900毫米；柱C，距离柱脚700毫米及1500毫米。固定时，每个木箱在上、中、下3个位置各拧2颗螺丝。

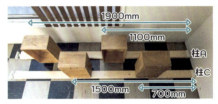

步骤③

将带有木箱的柱C立在预先选定的位置。使柱C保持垂直，然后旋紧上端的木柱固定夹，将柱C固定。如果伸手够不到木柱固定夹，可以踩着脚凳或工具梯。

步骤④

将柱B立在柱C旁边，宽面靠墙，窄面贴紧木箱。将柱C上的木箱与柱B固定在一起，每个木箱在上、中、下3个位置各拧1颗螺丝。最后，用相同的方法安装好柱A，并将柱A上的木箱与柱B固定在一起。

在建材市场或在网上购买SPF板材时，可以让商家把板材裁成需要的尺寸，尽量减少在家的工作量。购买木箱时需注意尺寸，太高的话就没有空间给猫咪上下台阶。如果增加立柱的数量，并将木箱安装在同一高度，猫台阶就变成了猫步道，大家可以按需求自行调节。

哪些承重金属件 值得买

TG10 柜板支架 ∩形 中号 （品牌：白熊）

尺寸：50mm×50mm（长×高）
承重：15kg/2个、22.5kg/3个（间距小于455mm）

利用夹合力固定板材。其特点是尺寸袖珍，不显眼，但具有一定的承重能力。适合板材下方没有空间安装大型支架的情况使用。固定板材的螺丝是最后从底部拧上去的，方便检查松动情况。

三角支架 （品牌：和气产业）

尺寸：300mm×250mm（长×高）
承重：50kg/1个

承重能力好。可将板材置于三角框架内侧，由上方吊起。安装简单，适合DIY新手。大号产品甚至允许猫咪从三角框架里钻过去。

环形支架 杂志尺寸 （品牌：toolbox）

尺寸：320mm×350mm（长×高）
承重：20kg/1个

喷涂了黑色无光泽树脂漆的矩形铁艺支架。能上下安装两块板材，高度及长度确保能收纳杂志，因此可以用来制作具有书架功能的猫步道。

TANNER支架 （品牌：田边金属工业所）

尺寸：
20mm×195mm×100mm（宽×长×高，小号）
30mm×295mm×215mm（宽×长×高，大号）
承重：80kg/个

承重能力非常强大，且具有良好的设计感，有橙、绿、天蓝、灰、黑5种颜色可选。两种型号支持不同的板材宽度，可以根据需求选购。

没有空间也能安装的
壁挂式猫步道

窗帘杆和门窗过梁上方因为没有足够空间安装承重件，往往不好安装猫步道。下图是利用拉门上方的紧凑空间安装猫步道的情况，承重件使用的是上一页中介绍的"TG10柜板支架"。这种承重件非常小巧，即使安装在过梁上方，猫步道上面的空间也足够猫咪通行。

使用小巧又有一定承重能力的金属件，在过梁上方安装了猫步道。使用这种金属件，即使房门上方的空间不大，也能安装猫步道。考虑到金属件的承重能力，安装时，间隔应小于455毫米。

隔墙背后也安装了猫步道，宽度为300毫米。隔墙上面开了2个直径180毫米的洞，这样猫咪就能蹿到隔壁去了。

为了不让4只猫咪在上面疯跑，部分"路段"被垫高，形成了一些凸起"障碍"。此处猫步道宽度约为200毫米。

在猫步道旁边安装了猫台阶"猫柜"，以便猫咪能从高低起伏的猫步道上面安全地下来（猫柜的制作方法详见第93页）。拉门的另一侧还有2个猫柜，供猫咪爬上爬下。

我和客户一起DIY的猫步道。（客户和4只猫咪住在一起）出于安全考虑，在板材上开洞和安装金属件的工作是由我来完成的。对DIY新手来说，如果对安全性有疑问，请务必找专家咨询。

（五反田T大楼：房龄40年，经过改造）

与猫同住
铲屎官的幸福
养猫指南

每日清理好猫毛，提升全家幸福感

家里东西太多容易对猫咪过敏？

对付猫毛只有2个办法

彻底清扫

经常梳毛

和 猫咪在一起时间越长的人，越容易对猫咪过敏，而且即使现在不过敏，以后也可能会对猫咪过敏。"对猫咪过敏"的过敏原是猫咪的唾液。猫咪舔毛时会把唾液涂抹在毛发上，于是过敏原就这样随着猫毛飘散到了家中各处。因此，为了能和猫咪一直生活在一起，做好猫毛的清理工作非常重要。至于如何清理，虽然没有什么革命性的新方法，我们仍然可以通过做到以下两点，最大限度地减少环境中的过敏原。第一点是主动给猫咪梳毛，以防猫毛在家中飞扬。第二点是彻底做好清扫，让家里始终保持在一个很少有猫毛到处飞的状态。有时候家里东西太多，扫除就做得不彻底，猫毛就堆积在了角落里。和其他国家的居民相比，日本人喜欢在家里堆东西是出了名的。我们要正视这一点，然后以方便打扫为前提，重新规划家里的布局。

106

不会对猫咪过敏的
家 = 容易打扫的家

容易打扫的家是什么样的?

家具不多

要想让猫咪自由地生活,家里就要少摆家具。此外,尽量不要在家里堆放物件,要么减少物品的数量,要么收纳在猫咪进不去的地方。

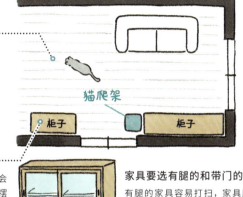

猫爬架

柜子

柜子

**家具靠墙摆放,
避免制造缝隙**

家和墙壁之间有缝隙,就会聚集尘土和猫毛。尽量靠墙摆放吧,这样就不会有缝隙了。家里有扫地机器人的话,可以考虑把沙发摆在屋子中央。

家具要选有腿的和带门的

有腿的家具容易打扫,家具腿的高度最好在10厘米以上。另外,为了防止猫毛跑进去,或是猫咪自己跑进去捣乱,买家具时建议选择带门的。

猫毛和灰尘一样,会在家里"到处乱飞"。我们在家里活动时,猫毛就会被扬起来,然后聚集在墙边,或是家具的角落和缝隙里。家具越多,边边角角的地方就越多,就越容易积聚猫毛。因此,凡是猫咪可以自由出入的房间,都应尽量少摆家具,少放东西。至于家具的款式,建议选择有腿的,这样打扫起来比较方便;柜子类的家具则最好选择带门的,这样不但能防止猫毛跑进去,外观也更整洁。每天打扫地面的工作,可以交给扫地机器人处理,只要避开猫咪的睡觉时间,猫咪们渐渐会习惯的。如果扫地机器人能连同家具的底下和背后,还有椅子底下也一并扫到,就再理想不过了。由于猫毛带静电,家里如果贴了塑料壁纸,上面就会吸满猫毛,建议换成不容易起静电的石灰等天然材料(表面粗糙、容易吸附猫毛的硅藻土除外)。

【 猫毛一扫光！ 教你清扫猫毛的秘诀 】

清扫猫毛的3个要领及步骤

就算没有过敏的问题，我们也希望家里
永远是干干净净的。打扫卫生这件事天
天要做，但只要抓住要领，打扫卫生也
可以变得很轻松。下面我就向大家介绍
3个一学就会的扫除基本要领。

门窗要关好

从上到下

从中央到墙边

1 切记不要开窗

一说到扫除，很多人都觉得应该开窗通
风，但如果把窗户打开，猫毛和灰尘就会
飘浮在空中，等扫除结束后再落回地面，
结果虽然做了扫除，却还是一地猫毛，所
以扫除时切记不要开窗。另外，由于猫
咪也在家里，扫除时请不要使用需要通
风换气的洗涤剂。把窗户关好，不让猫
毛乱飞，打扫干净以后再开窗换气。

2 从上到下，立体扫除

平时猫毛会飞得满屋都是，所以扫除
时要把家里当作一个"立体的空间"
来看待。对于墙上和吊顶上的猫毛，
可以用高处除尘刷或带延长头的吸尘
器清扫。猫毛还会聚集在猫步道和猫
台阶上、家具台面上、柜子顶上，以
及照明灯具上。打扫时建议从高处往
下清扫，先把猫毛都扫到地面上，再
一并清理。

3 打扫地面，从中央向墙边

家里有扫地机器人的话，地面就不需
要每天由人来打扫了，不过扫地机器
人照顾不到的角落和高处还是需要我
们亲自动手的。地面也需要自己打扫
的话，可以用吸尘器或地板拖把，从
屋子的中央向墙边清扫，将猫毛赶到
墙边后再一并清理。如果觉得拖把扫
出来的尘土不好收拾，推荐使用静电
除尘纸。

不同材质地板的扫除方法

实木地板

猫毛落在实木地板上会飘来飘去，清扫时可以使用硅胶地刮或免洗拖把。如果用需要沾湿的工具，会让猫毛粘在地板上，或是把污渍拖得到处都是，因此要尽量避免使用。如果猫咪在地板上吐了，请用湿抹布擦拭。如果猫咪在地板上尿了，表面虽然容易清理，但尿液可能会流进缝隙，并把味道渗进去。这时可以在上面多垫几层纸吸收一下，过一会儿味道就散了。

地毯

猫毛落在地毯上不会飞起来，但会和地毯缠在一起。使用能清理地毯的强力吸尘器来打扫吧。此外，"滚筒粘毛器"和"宠物除毛刷"不但能有效清除地毯上的猫毛，在清理猫步道、猫爬架和猫窝上的猫毛时也能发挥作用。如果猫咪在地毯上吐了，可以用湿抹布来擦。污渍严重的话，建议用湿抹布或厨房纸沾中性洗涤剂，用拍打的方式将污渍除去。

宠物除毛刷

滚筒粘毛器

榻榻米

清扫榻榻米上的猫毛，可以用扫帚或吸尘器顺着榻榻米的纹路去扫。用干抹布或地板拖把也可以。如果猫咪在上面吐了，可以用温水洗过的抹布来擦。污渍比较严重的话，建议用温水混合中性洗涤剂，再用抹布沾湿来擦。如果猫咪在上面尿尿了，喷一点用水稀释的食醋效果也很好，喷完醋以后再用湿抹布擦干净。其他地板材料也可以用这种方法处理。

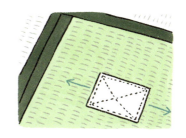

塑料地板

经常用作防水材料的塑料地板上粘了猫毛，可以用硅胶地刮或免洗拖把，或用吸尘器打扫。如果猫毛吸水后和地板上的灰尘结成了块，建议用湿抹布擦拭。由于塑料地板几乎不吃水，即便沾了猫咪的呕吐物或尿液，也能很快除去污渍。

软木地板

软木地板上的猫毛可以用硅胶地刮、免洗拖把，或吸尘器打扫。软木地板耐水性好，猫咪的呕吐物和尿液等污渍也能轻松除去。如果污渍比较严重，可以用抹布蘸中性洗涤剂擦拭。

**猫毛在地板上显眼好，还是不显眼好？
请根据自己的喜好选择**

"猫毛"与"地板颜色"的选择

为地板选色时，可以把猫毛放在
上面对比一下，这样更好判断。
这里我尝试将白色和黑色的猫毛
放在具有凹凸质感、不容易打滑
的地板上，选取的均是常见的地
板颜色，以此检验猫毛的颜色是
否显眼，供大家参考。

我们在挑选地板时通常看重的是地板的功能、家装氛围以及个人喜好。不过，从"方便扫除"的角度出发，根据地板的颜色和质感来选择也不失为一个好思路。纯白的地板显脏，纯黑的又禁不住落灰，这类颜色一般不适合家居装饰。相对来说，中间色和混色的地板可以让污渍和猫毛不那么显眼。另外，用地板的颜色去搭配猫咪的毛色也是一种选择方法。把猫咪放在地板上，便可以找到猫毛相对显眼和相对不显眼的搭配。前者适合喜欢经常打扫的人，后者适合平时不介意地上有猫毛的人。

墙的颜色要选自己喜欢的！
猫咪毛色以外的颜色能把猫咪衬得更可爱

对猫咪来说，来自听觉和嗅觉的感官信息是大于视觉的，人类则相反，人类的感官体验有80%依赖视觉。因此，墙和地板的颜色不妨按照我们的喜好来选择。或者，也可以使用能衬托出猫咪的颜色，特别是墙。这里推荐使用猫咪毛色中没有的、能和毛色构成互补色的（色相环中处于相对位置的两种颜色）蓝、绿等颜色。这些颜色能把猫咪衬托得更好看、更可爱。下图是我选用某个壁纸品牌的色板进行的"毛色映衬实验"。

色相环
处在相对位置的是互补色

粉红色　　　　淡紫色　　　　迷迭香色　　　　石灰色

绿松色　　　　海蓝色　　　　芥末黄色　　　　矿石灰黑色

咖啡色　　　　雪白色　　　　甜菜红色　　　　蜂蜜黄色

【 平时多给猫咪梳梳毛，让猫咪对你更信任 】

什么是下层毛？梳毛工具有哪些？

猫咪的毛发大体分为两种。长在外面，负责防水和防紫外线的是"上层毛"；长在里面，负责保暖的是"下层毛"。猫咪在春秋两季更换夏毛和冬毛时，被换掉的主要是下层毛。

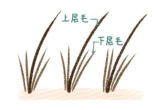

不锈钢排梳

长毛猫和短毛猫都能使用，很方便。刺激小，猫咪一般不会太抗拒，主要用于梳理上层毛。除毛量较少。

钉耙梳（针梳）

看起来很疼，其实触感和猫咪的舌头类似，猫咪们很喜欢。有的款式梳齿端（针端）有橡胶或树脂保护点。除毛量一般。

动物毛刷

这种刷子梳毛能让毛发更有光泽。梳毛时可以用刷子上的硬毛给猫咪按摩，猫咪会很喜欢。除毛量一般。

不锈钢除毛梳

能大量除去下层毛，但对猫咪来说可能刺激过大，很多猫咪都不喜欢，甚至十分抗拒。除毛量较多。

给猫咪梳毛能让猫咪对你更信任，找一把它们喜欢的梳子，经常给它们梳毛吧。梳毛的主要目的是帮助猫咪去除无用的下层毛，同时也能防止猫毛在家里乱飞，可谓一举两得。猫咪一般都能自己舔毛，就算不替短毛猫梳毛，它们也能活得很好，不过尽可能在换毛期多帮它们梳一梳，这样能够减少吐毛球的次数，从而减轻它们的身体负担。长毛猫则要由主人多帮忙梳毛了，否则毛发容易结成"硬疙瘩"，最后只能剪掉。不管是长毛猫还是短毛猫，猫毛在猫咪体内结成的毛球容易让猫咪患上肠梗阻等"毛球症"。另外，猫咪老了以后身体就没那么灵活，舔毛也会变得困难，主动帮它们梳一梳吧。

【 "完全室内饲养"也 】
需要除跳蚤

3种除跳蚤的方法

① 跳蚤梳

这类梳子有很多种，推荐使用不锈钢的。除跳蚤时顺着猫咪的毛往外捋，然后用中性洗涤剂洗去粘在梳子上的跳蚤。注意梳子上不要残留洗涤剂。像这样把猫咪全身的毛都梳一遍就可以了。

② 沐浴露

用低刺激的猫咪沐浴露和肥皂除跳蚤。为了不让跳蚤"逃"到猫咪的脸上去，除跳蚤之前先用肥皂打出泡沫，抹一圈在猫咪的脖子上，然后从后腿和屁股洗起，逐渐向肚子、前腿和脖子过渡。洗完后用毛巾仔细擦干。猫咪能接受的话可以用吹风机给它吹干，注意风不要太热。幼猫的体温调节能力较弱，一定要彻底擦干、吹干。

③ 驱虫药（滴在脖子上）

如果猫咪身上的跳蚤太多，用梳子和沐浴露无法彻底驱除，就得用驱虫药了。去宠物医院，一只猫咪花几十块钱就能买到驱虫药。使用时拨开猫咪后颈上的毛，直接将药滴在皮肤上。用药后，猫咪身上的跳蚤便会减少，之后每隔1～2个月用药一次，反复几次即可。

"**完**全室内饲养"的猫咪身上也会长跳蚤。跳蚤藏在猫毛里，成虫靠从皮肤中吸血为生。观察猫咪的皮肤，如果上面有个1～2毫米的褐色小点儿在动，那就是跳蚤。跳蚤还会一蹦一蹦地移动，一次能跳很远。跳蚤会让猫咪身上发痒，猫咪就会用爪子去挠，有时甚至会抓挠掉一大片毛。不仅如此，跳蚤还会引起过敏症和皮肤炎症，使猫毛脱落。当你发现一只跳蚤时，意味着已经有大量的成虫和虫卵潜伏在猫咪身上了，请尽快替猫咪除虫。但要注意，驱虫时不能直接将跳蚤捏死，否则它们体内的卵会落到猫咪身上，生出更多跳蚤。除跳蚤的方法有许多，使用专用的梳子、沐浴露和驱虫药是其中比较有效的3种。

专栏**7**

不擅长整理房间的人也能掌握的整理3原则

和猫咪一起生活，如果家里收拾得整齐利落，打扫猫毛就会变得简单，猫咪躲起来的话也不会找不到。但总的来说，日本人要比其他国家的人爱存东西，再加上一堆猫咪用品，一不留神家里就被各种东西堆满了。为此，我想跟大家分享一下我亲身实践并验证过的3点原则，只要能坚持，就算不爱收纳的人也能让家里保持整洁。

第1点是家里一定要有一个"能堆东西"的地方。可以是柜子，也可以是箱子或者袋子，一旦东西多出来，就暂时放在里面。如果所有能堆东西的地方都堆满了，家里又开始到处是东西了，就是时候把这些东西彻底"断舍离"一下：要么丢掉，要么送人。猫咪用品可以寄给接受捐赠的猫咪保护组织。有些东西在家里存了很久还是用不掉，也送不出去，这类东西恐怕就是真的"没人要"了，建议果断地全部扔掉。

第2点是猫咪用品要尽量买"配套的"，这样即使没有收拾，也能有一种"已经收拾过了"的整洁统一的感觉。比如猫咪的食盆、猫抓板、玩具、猫窝，如果每次都是单独购买，就会给人一种东拼西凑的感觉。其实只要选购的时候注意产品的设计和颜色的统一，光靠这种"统一感"就能让家里显得整洁不少。或者，可以选择不与猫咪毛色"打架"的颜色，选用造型简约的设计，这也是一种办法。在种类繁多的猫咪用品里面精挑细选，或直接把我们的日用品给猫咪使用，让家里的格调保持一致，这些都是能带来"统一感"的好办法。

第3点是要敢于请外人来家里做客。和猫咪一起生活的人往往不喜欢家里来客人。不过，从防灾的角度讲，让猫咪多接触外人也是有好处的，而且知道有客人要来，主人在保持家里整洁方面也会变得"勤快"一点。

做到以上3点，和猫咪住在一起，家里照样能保持整洁。从哪一点开始都行，尝试让自己做出改变吧。

第四章

与猫同住
应用篇
"让生活更幸福"

要想让与猫同住的生活更加丰富多彩，就要
把猫咪当成家人，并对它们有更进一步的
了解。知道猫咪那些与生俱来的需求，多
为它们着想，让这个你和猫咪共同的家变
得更加幸福美满吧。

打开窗，让猫咪的生活更充实

人和猫咪都需要在生活中『透透气』

雨的气息
鸟的气息
植物的气息

打开窗户
为了猫咪
也为了我们自己

有风吹过的感觉真好！

能接收到自然的信息！

为了让猫咪更多地看到外面的世界，很多人都为猫咪创造了能站在窗边的条件。猫咪透过窗户往外看，据说就和我们看电视是一样的，但如果想进一步提升猫咪的幸福感，就一定要把窗户打开。某家动物园的研究发现，小动物在温度和湿度适宜的房间里并不能成功繁殖，相反，越是接近它们原本栖息地的，存在温差又有刮风下雨的"压力环境"，越能使它们繁殖成功。换句话说，适度的环境压力对动物们来说是必不可少的。开窗通风可以把家里不好的味道"赶"出去，让新鲜的空气吹进来，而对于"完全室内饲养"的猫咪来说，打开窗能让它们尽情呼吸外面的空气，并从来自小动物、人类、植物的各种气味中获得丰富的信息。此外还有雨雪的气味、寒暑的交替，这些体验对猫咪来说同样是令它们欣喜的刺激。

116

即使家里有猫也想开窗?
用纵向防护栏防止猫咪出走

防护栏的栏杆
间距要小于3厘米

对大多数猫咪来说,不管多窄的一道缝,只要脑袋能通过,身体就能通过。将防护栏的栏杆间距控制在3厘米以内,这样一来即使是只有2千克重的体形瘦小的猫咪,也别想从缝隙里钻过去。家里有幼猫的话,间距就要更窄才行。

不要横向防护栏,
要纵向防护栏

这种防护栏有横向的,也有纵向的。猫咪会把横向防护栏当作梯子,轻轻松松就能爬上去,因此一定要选择纵向的。

因 为一开窗猫咪就会跑出去,或是扒开纱窗钻出去,你家的窗户是否总是想开也不敢开呢?为了能安心地开窗通风,我给家里的部分窗户装上了纵向防护栏。但要注意,猫咪钻过缝隙的能力是超乎想象的,选用防护栏时一定要将栏杆的间距限制在3厘米以内。另外,如果从房屋采光及窗户的合理面积出发考虑,窗户面积需大于房间占地面积的1/7。举例来说,一个7平方米大小的房间,窗户的面积至少要达到1平方米。而安装防护栏,会让实际的窗户面积变为"原窗户的面积-防护栏的面积"。安装时应注意栏杆不能太宽,也不能太密,避免把窗户遮挡得太严实。

窗外风景对猫咪的刺激不能太大，也不能太小

避免在同一高度对视

家里的猫咪如果发现有流浪猫在同一高度和自己对视，就会本能地认为"对方是来抢地盘的"，顿时心里会生出很大的压力。很多时候，猫咪就是因为这样才在窗边尿尿和抓挠的。建议在窗边摆放家具，让猫咪站在上面俯视外面的流浪猫，或者把窗户的下半截遮住，让猫咪们对不上眼。

站在家具
上俯视

把窗户的
下半截遮住

如果猫咪住在独栋住宅里，来自窗外的刺激有时可能过于强烈。比如一只流浪猫突然隔着窗户出现在家猫眼前，这时家猫会本能地认为流浪猫是来自己地盘上捣乱的，于是变得特别紧张。如果家里的猫咪开始频繁地在窗边磨爪子和尿尿，我们可以在窗户底下摆一件家具，让猫咪站上去从高处往外看，这样就不会那么紧张了。或者，也可以把沾了自家猫咪尿液的猫砂撒在屋外，警告外来的猫咪不要靠近。另一方面，对于住在公寓里的猫咪来说，来自窗外的刺激有时又太弱。猫咪喜欢看窗外，是因为那里有小鸟、蝴蝶、人类、汽车等各种会动的东西，但高层住宅的窗户外面是没有这些的，甚至连气味都飘不上来。如果想让住楼房的猫咪多一点快乐的体验，层高最好不要超过5层。

【 家里的猫咪总想"跑路"， 玄关改造势在必行 】

在大门里面加装 一道防止猫咪逃跑的拉门

在一进门的地方再安装一道门，在两道门之间创造出一个防止猫咪逃跑的缓冲地带。图中为用拉门搭配纵向防护栏的设计。拉门上安装了童锁，猫咪是打不开的，透过玻璃能确认猫咪是否就躲在门后。敞开大门后，防护栏能通风，方便猫咪呼吸外面的空气。

在一进门的地方加装一道单侧拉门。

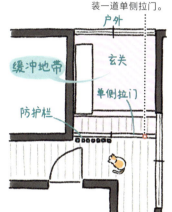

户外

玄关

缓冲地带

单侧拉门

防护栏

将猫咪的活动范围限制在第二道门（防护栏）后。主人回家后可以先确认猫咪是否在防护栏后再开门，这样就不怕那些爱"跑路"的猫咪逃走了。

（江户川区〇客户的家：房龄30年，经过改造的独栋住宅）

如果家里的猫咪曾是流浪猫，或者家里同时养着好几只猫，可能经常会有猫咪生出强烈的"想跑路"的念头。原因有很多种，比如对家里不满意（猫太多，面积太小，地盘不够分；和别的猫闹翻了，待不下去了等），或是不适应和人类一起生活。此外，尚未做绝育手术的猫咪，大都也有离家的倾向。我们能做的，是努力让猫咪感到在家里的生活是舒适的，但如果实现起来有困难，就有必要采取一些防止猫咪逃跑的措施了。比较理想的方案，是在玄关处和平时晾晒衣服的窗口（阳台处）加装一扇门（防护栏），以此创造出一个缓冲地带。出入这些地方的时候，一定要确保两道门中有一道是关好的。为了看清猫咪在门背后的动作，加装的门最好是能看到后面的，比如玻璃门、树脂门、防护栏门。即使不是全透明的，脚底下能有一个能看到后面的小窗口的话也会很不一样。

一下子就做好了，
自己动手为窗户安装纵向防护栏

（平井猫之家的邻居：被救助猫咪的房间）

在窗户内侧的木框上固定木材，做成最简单的纵向防护栏。出于防灾需要，以及对采光的考虑，只为一扇窗户安装了防护栏。之所以选择右侧这扇，是为了方便给窗户上锁。建议为左侧的窗户也安装一道简易锁。

材料及工具

- **木材**，规格：**45mm × 15mm**
  （宽×厚，长度及数量视窗户的大小而定）；
- **螺丝**（防开裂木螺丝），规格：**直径 2.2mm、长 25mm**；
- **螺丝刀**（或电钻）或冲击钻（1号螺丝刀头）；
- **锯子**（如果需要在木材上截出与窗框形状吻合的凹槽）；
- **卷尺**。

步骤 1

测量木制窗框的高度，将木材截成适当的尺寸。建议带着测量好的数据，请建材市场的商家帮忙处理木材。

图中的木框有两层，木材会钉在里面那一层上，测量高度时要注意。

步骤 2

栏杆的间距为30毫米，可以用螺丝将两条木材固定在一起（厚：15mm×2=30mm），当参照隔板使用。安装防护栏时，从窗户最右侧着手，先放参照隔板确定位置，再将要固定的木材置于左侧，即可找到正确的间距。

准备用螺丝固定的木材

用来确定位置的参照隔板

步骤 3

用螺丝将木材固定在木制窗框上。先在上端拧一颗螺丝，然后在下端拧一颗螺丝，这样比较好操作。将木材固定后，便可将参照隔板移走。

步骤 4

重复步骤2和步骤3，直至安装到月牙锁附近。最后需要将窗户与防护栏之间的缝隙堵住。讲究的话，可以用锯子在木材两端截出与窗框形状吻合的凹槽，不过首要目的是将缝隙堵住，不讲究的话，这一步可以省掉。

步骤 5

在缝隙里嵌入尺寸合适的木材，确保窗户与防护栏之间的缝隙小于30毫米。之后在上、中、下3处用螺丝固定，即可完工。

窗户与防护栏之间的缝隙要小于30mm。

与猫同住
铲屎官的幸福
养猫指南

【 DIY制作猫咪 防护栏的小技巧 】

图中是我和客户一起制作的，兼具"收纳柜"与"眺望台"功能的落地窗猫咪防护栏（客户和1只猫咪住在一起）。下面就介绍一下我在制作过程中发现的DIY小技巧。

实际做成后，完全没有影响到室内采光。猫咪可以站在木箱上眺望窗外（左）。也可以拿掉木箱，变成单纯的防护栏（右）。

（小金井市S客户的家：出租公寓）

干净利落的防护栏固定件

在木材上固定宠物防护栏，推荐使用这两种固定件：铜制半圆头自攻螺丝，规格：3.5mm×12mm（左）和镀铬抱箍（右）。

用抱箍夹住栅栏，再将螺丝穿过抱箍上的空洞，固定在木材上。

用扎带将防护栏捆在一起

若防护栏用到多个宠物栅栏，可以用扎带将相邻栅栏捆在一起。扎带颜色可以选择与栅栏一致的，捆好后拉紧，并剪掉多余的部分。

SPF板材做立柱，支撑在窗框上

使用2×4铁制木柱调节器将立柱支撑在木制窗框上，避开窗帘轨道和窗帘杆。调整木材两端调节器的角度，使其与立柱形成直角，这样一来即使窗框很窄也能安装立柱，而且不影响窗帘的使用。

122

专栏❽
猫狗同住，让它们各过各的

猫咪和其他动物和睦相处的照片看了总让人觉得很温馨，可是，和睦相处这件事真的有那么容易做到吗？虽然每只猫咪的情况都不一样，但在这里我想谈一谈猫和最常见的宠物——狗，在一起生活时应注意的问题。

猫狗同住，有一种说法是领养的顺序很重要，如果先来的是狗，后来的是猫，问题就不大。可即便是这样，狗还是要忍受猫的"我行我素"，忍气吞声久了，要么狗最后会咬猫，要么自己会变得郁郁寡欢。如果先来的是猫，由于猫的地盘意识很强，结果一定是猫追着狗打，或者因为压力太大，要么健康出问题，要么"圈地行为"越来越多。另一种观点认为，不同物种之间只要从小朝夕相处，关系就会自然变得融洽。这种现象其实是彼此都把对方错认成了同类，越年幼越容易产生这种误会。不过，这也意味着我们要同时照顾两个幼崽，而幼猫幼狗恰恰正处于一生中最"难对付"的时期，负担之大是可想而知的。另外从性格的角度讲，脾气倔的吉娃娃和猎犬是不容易跟猫咪生活到一起去的，同栖的话还是选择能包容猫咪且性格温厚的犬种吧。

猫和狗生活在同一屋檐下，狗只会在地面上活动，猫则会立体地使用空间，因此不妨认为它们一个住在上面，一个住在下面。由于猫是肉食动物，猫粮中的蛋白质含量较高，狗也爱吃。反过来，猫有时也会吃掉狗粮，但因为狗是杂食动物，狗粮的成分和猫粮有很大区别，所以还是有必要让它们分开吃饭。可以把猫粮放在柜子顶之类的高处，让狗够不着。在此基础上，给狗规定好进餐时间，这样就不用担心猫咪会吃掉狗粮了。

猫狗同住会产生的另一个问题——大便。我们都知道，狗有"食粪"的习性，它们偶尔会吃掉自己拉的大便。由于猫咪吃得比较荤，狗有时候是很乐意吃猫粪的。为了不让狗去猫砂盆里捣乱，最好将猫砂盆放在只有猫咪能够通行的通道或围栏的后面。

凡事就怕有万一……

有备无患，关于『猫咪与防灾』

提前做好抗灾准备

三毛

我们平时能做的准备

多备一些猫粮和猫砂，常备瓶装水和应急宠物隔尿垫，确保我们能在轨道交通停运时也能回家。

有助于猫咪避难的训练

能做到一叫就来，能适应便携猫笼，能佩戴牵引绳，能适应陌生人，能使用应急猫砂盆（小型猫砂盆或宠物隔尿垫）。

近几十年来，日本发生大地震、台风、暴雨等自然灾害的次数急剧增加。这样一来，如何与猫咪一起做好日常的防灾措施和应急演练就显得尤为重要。以地震为例，我们不知道地震何时会来，也许地震就发生在猫咪独自在家的时候。万一遇到这种情况，我们能保证自己可以平安回家吗？能保证独自在家的猫咪不会遇到危险吗？东日本大地震发生的时候，就曾有许多猫咪被海啸卷走。由台风引发的风灾、水灾虽然能在一定程度上得到防治，但是在突如其来的灾难面前，我们能做的却十分有限。作为应急措施，平时家里应多备一些瓶装水和猫粮等猫用必需品。我们还可以预想一下实际发生灾难时的状况，提前做好猫咪的避难训练。另外，可以了解自己所在的地区遭遇哪些灾害的可能性比较大，在此基础上做好相应的防灾及避难措施。

你家的房子够结实吗？
从防灾的角度重新审视自家住宅

灾害可能带来的损失

地震可能
造成的损失

- 房屋倒塌
- 房屋及家具的倒塌造成人员伤亡
- 门窗变形、脱落，导致猫咪逃走
- 起火
- 停水、停电、停煤气
- 停电造成电梯停运、水泵停转

风灾、水灾
可能造成
的损失

- 房屋被淹
- 浸水后引发触电
- 房屋被水淹没，导致无法避难
- 房子被水冲走
- 家具被水冲走
- 洪水退去后，家里脏水遍地
- 窗户损坏
- 漏雨
- 房顶和墙壁被大风吹坏

第
四
章

与猫同住应用篇『让生活更幸福』

事前可以采取的防灾措施

硬措施

- 对房屋进行抗震加固。
- 用五金件将家具固定，为壁柜门安装抗震锁，以防家具倒塌，造成伤亡。
- 加固门窗，以防门窗变形、脱落，导致猫咪逃走。
- 为玻璃窗安装防护板、百叶窗，为玻璃贴上防飞溅安全膜，以防窗户因暴风损坏时，猫咪逃走或受伤。

软措施

- 考虑到灾害中停水、停电、停煤气的可能性，尽量不要住在高层。家中常备瓶装水、小型煤气炉和煤气罐。
- 作为停电的预防措施，夏季外出时打开一扇不会让猫咪逃走的窗户，或将猫咪安置在没有空调也能保持凉爽的房间里；冬季外出时家里要备好暖水袋。猫咪喝水不能只靠自动喂水器，水碗里也要装满水。
- 不要将重物及易碎物品放在高处，以防地震发生时造成其他伤害。
- 以防万一，将房门钥匙交给可以信任的邻居，并在家里安装宠物摄像头。
- 如果住在公寓里，可以跟宠物委员会或同层的居民打好招呼，说家里有猫咪，万一遇到灾害来查房，请不要将猫咪放跑。

带着猫咪去避难！
事前需要了解什么、做好哪些准备

"应急物品"清单

必需品	☐便携猫笼（航空箱型、背囊型） ☐零食、湿粮 ☐宠物隔尿垫（最好与猫笼的尺寸一致）
非必需品， 但最好能有	☐毛巾（可用于遮盖猫笼，有的话比较方便） ☐宠物湿巾 ☐猫粮（平时吃的那种；干粮可以买小包装的备在家里） ☐水 ☐食盆、水碗
有条件的话 也要带上	☐牵引绳 ☐猫咪平时喜欢的布料或猫窝 ☐便携式猫砂盆、给幼猫用的小号猫砂盆 ☐猫砂（最好和平时用的一样） ☐装大便的袋子（大号） ☐应急强力胶带（可用于修补破损的猫笼） ☐签字笔（可以在胶带上写上猫咪的名字，贴在猫笼上）

便携猫笼

航空箱型猫笼适合在避难所使用，尺寸大一点比较好。背囊型因为能腾出双手，适合在避难途中使用。

猫粮

猫咪可能因为压力或紧张没有食欲，这时候就靠湿粮和零食来提振猫咪的食欲了。平时别给猫咪吃太多，这样更有新鲜感。

水

即使是瓶装水，给猫咪喝硬水也不利于健康。给它们喝矿泉水和软水吧。

虽然现在提倡在灾害发生时"携带宠物一起避难"，但实际上并非所有避难所都接收宠物，而且因为有人不喜欢宠物或对宠物过敏，就算肯接收基本上也是人和宠物分开管理的。因此，如果遭遇的是台风这种可以提前避难的灾害，前往避难所之前一定要问清楚对方是否接受宠物同行，以及能为宠物提供怎样的居住环境。灾害期间的另一种情况是需长期在避难所生活。遇到这种情况，很多人会选择将宠物留在家里，然后从避难所返回家中照顾宠物。特别是家里有好几只猫咪的话，考虑到一起避难的可行性，以及猫咪们可能会承受的压力，建议尽量将猫咪留在家里，并做好相应的准备，让它们可以在察觉到危险时及时逃跑。另外，在等候避难通知时，为防止猫咪躲在壁柜和家具里，需要用胶带将这些地方的门封住，让猫咪始终处在我们的视线范围之内。

灾难发生时能帮助猫咪的传统防灾措施

简单可行的传统防灾措施

让猫咪有处可逃

家里要有一个在停电时仍然能保证"不太冷"或"不太热"的地方，让猫咪躲进去。特别是在夏季，要防止猫咪中暑。浴室里比较凉快，可以利用起来，但浴缸里的水一定要放掉。

让猫咪可以去高处避难

冬季停电时，家里的热量会聚集在房子的顶部，那里暂时是暖和的。还有，如果赶上外出时下大雨，家里被水淹没，这时我们只能相信猫咪可以自己躲到高处去。要想让猫咪有能力应对这些状况，就要确保猫咪在家里拥有多样的生活空间。此外，我们还需要将家具固定在墙上或地面上，否则猫咪躲进去避难反而更危险。不论遭遇地震还是水灾，固定家具都是其中一种有效的防灾措施。

地震和台风发生时，除了房屋会受到直接损害外，交通系统的混乱还可能导致我们无法按时回家，甚至当天无法回家，而家里也有停电的可能性。这些状况也都需要提前想好对策。作为夏季的防暑措施，很多人会选择在出门前把家里的窗户全部关上，然后打开空调。但这样做的问题是，一旦停电家里就会变得闷热无比，严重时甚至可能导致猫咪中暑死亡。为此，我们需要采取一些不依赖于电力的传统防暑措施，比如打开一扇不会让猫咪逃走的窗户，或是让猫咪可以躲到凉爽的浴室里去。冬季如果家里使用的是电暖器，考虑到地震可能会使供暖失效，家里一定要多放一些能让猫咪取暖的毛毯，或是出门前在屋里放一个暖水袋，这样心里才踏实。

猫咪会让家里起火？
外出时请做好防范措施

留心厨房的灶台

如果家里使用的是煤气灶，且点火开关是按键式的，那么猫咪也可能会误触。为了安全起见，请选择猫咪无法打开的旋钮式开关。如果使用的是电磁炉，虽然不会起火，但操作界面会对猫咪的肉垫起反应，万一误触导致电磁炉启动，加热后猫咪又爬了上去，很可能会被烫伤。

令人放心的感应式水龙头，只在接触时出水

水龙头也要注意

有的猫咪会知道打开水龙头喝水。有时猫咪会在无意间将水龙头打开，为防止家中浸水，一定要确保水龙头的旋转角度不会超出水池。另外，建议将水龙头更换为只有接触时出水的感应式，这样就放心了。

单独把猫咪留在家里，一定要当心"火"和"水"。一方面，新型煤气灶多采用按键式操作，虽然方便，但是猫爪一踩就会起火。家猫由于对火的恐惧感不强，反而更容易被烫伤，甚至可能因为尾巴着火了所以到处乱窜，把家里也点燃了，酿成火灾。因此，煤气灶一定要选择带童锁的、旋钮式点火的款式。还有电磁炉，部分款式的操作界面对猫爪是有反应的，而猫咪因为身上有毛，对热度不敏感，所以有可能被电磁炉烫伤，平时最好用灶台罩将电磁炉遮住。另一方面，外出时一定要将浴池里的水放掉，防止猫咪溺水。总之，外出时，请留意好家里的每个细节，防止猫咪受伤，也防止发生事故。

每当我们要去旅行、出差、回老家或是住院的时候，猫咪都只能自己在家里待上好几天。哪怕家里只有一只成年猫咪，如果我们连续两晚不在家，猫咪也可能因为猫砂盆里太脏而忍着不上厕所。另外，就算在食盆里留了足够多的粮，猫咪们也是不懂得省着吃的。猫粮需要每天添加，猫砂盆也必须每天清理。

遇到这种情况，有的人会选择把猫咪托付给宠物旅馆寄养或托管。但因为环境的突然变化，猫咪很容易出现发怒、发飙，或是不吃不喝等应激反应。相比之下，还是把猫咪留在家里，然后请别人来家里照顾它们更让人放心。这时候如果没有信得过的亲戚朋友能搭把手，我们就需要请上门喂养员提供"上门铲屎"的服务了。

通常来说，我们会先和上门喂养员见上一面，交代好工作的内容，然后把钥匙交给对方。我们还要借这个机会让猫咪记住喂养员的气味，猫咪闻过的气味，即使隔了一段时间也不会忘记，这样能改善喂养员第一次上门服务时的混乱局面。

过去我在聘请上门喂养员的时候，除了交代对方要处理猫砂、喂饭、换水，还提出了要适当陪猫咪玩"狩猎游戏"，以及给它们梳毛和剪指甲的要求。如果猫咪病了，喂养员也会负起责任带猫咪去看病。此外，如果雇主还需要喂养员额外帮自己几个小忙，比如取报纸、给猫草浇水，喂养员通常也是会答应的。喂养员如果在工作中发现了问题，或认为某些地方需要改善，也会及时和主人沟通。一般反映得最多的，就是猫砂盆数量不够、有异味，或是自动喂水器里面有污垢等问题。

上门喂养员会定期向主人汇报猫咪的近况，并附上照片。看到猫咪放松的样子，你一定会边感谢喂养员边念叨着"这下放心了""看来你们已经混熟了"，自己心里也很高兴。下次碰到不得不外出的时候，不如为猫咪聘请一位负责任的上门喂养员，让猫咪在熟悉的家里舒舒服服地生活吧！

如何调解多只猫咪之间的关系

为了让猫咪和人都能幸福生活

你家也有不合群的猫咪吗？

头疼啊……

很多人都希望能在家里多养几只猫，不过要注意的是，猫咪和人类一样，彼此之间也要合得来才能相处融洽。由于猫咪从不掩饰对同类的嫌弃，并且会拼命守住自己的地盘，当家里的猫咪变多时，冲突也会随之增加。不知你是否也有那种总是躲起来，从来没有别的猫咪给它舔毛的猫咪？动物行为学指出，超过3只猫咪聚在一起，往往就会有1只受到排挤。当然了，两三只凑在一起也会有摩擦，但矛盾一般不会激化。超过3只的话，这群猫咪就会分化出1只猫老大、若干普通猫咪，以及1只最没有地位的猫咪。如果现在家里的猫咪们相得不错，建议就不要再多养了，就算要"增加成员"，也要控制在3只以内。如果已经超过3只，就要观察猫咪们的关系，尽量不让它们之间发生冲突。

通过观察行为
判断猫咪之间的关系

从行为中看关系的好坏

- 黏在一起睡
- 互相舔毛

好

- 闻闻肛门的味道（凑上去闻的那只地位高；不喜欢谁就不让谁闻）
- 互蹭身体，碰碰脸，碰碰鼻子
- 共用一个猫砂盆

普

- 彼此之间永远隔着超过30厘米的距离
- 给正在上厕所的猫捣乱；在别的猫去厕所的路上搞伏击
- 总被别的猫逼到墙角，总待在高处，总躲在柜子里（地位低的猫）
- 确认过眼神后马上凑过去，又是"哈"又是"呜"
- 竖着尾巴，耳朵朝下或朝后
- 伴有流血的激烈打斗（咬、踹、挠、薅毛、扭打）

坏

猫咪打架很正常，关键是不要让矛盾升级。两只猫咪一边发出"呜""哈"的警告声，一边对视，就说明准备要打架了。这时应该用纸一类的东西挡在两只猫中间，把它们的视线隔开。但不要直接上手去阻止，否则可能会被误伤。如果这样做没有效果，就需要把比较冲动的那只猫咪（准备发起攻击那只）带到别的房间去，等它冷静下来。如果已经打起来了，可以叫它们的名字或大声拍手，转移它们的注意力。把毛巾盖在猫咪头上也是一种有效的办法，或者用硬纸板、布料将猫咪们隔开。猫咪打架都是有原因的，通常来说是为了争地盘，或是为了分出谁的地位最高。如果打斗实在太频繁、太激烈，并伴有流血，也可以考虑服药治疗。可以先充分了解具体情况，然后听听兽医怎么说吧。

不同数量的猫咪对主人生活的影响

我们和猫咪在一起的生活质量，很大程度上是由猫咪的数量决定的。不同数量的猫咪会惹出的麻烦以及需要我们注意的地方都是不同的，下面就来看一看吧！

不需要考虑猫咪之间的关系以及地盘的问题，吃剩的猫粮就算不收起来问题也不大。生活的节奏可以随着猫咪走。如果猫咪对主人极度依赖，主人外出可能会使猫咪出现嚎叫、随地大小便、生病等"分离焦虑"的症状。由于没怎么被其他猫咪咬过，对人类"下嘴"时可能不知轻重。

即使相处得不太好，打起架来也不会很激烈，这个规模的"猫社会"总的来说是和谐的。关系好的话，食盆、猫砂盆、水碗、猫窝都能共用，但也可能每只猫咪都需要有自己的一套。大部分公寓楼的管理条例上都会规定，每家每户饲养猫咪不得超过两只。

饲养超过3只猫咪就容易有1只受到排挤。由于日本人狭窄的住房面积让猫咪无处可逃，考虑到猫咪之间的关系以及地盘之争，可能需要把猫咪安排在不同的房间，并将猫砂盆分散在家中各处。食盆、猫砂盆、水碗、猫窝的数量都会增加，家里需要多囤一些猫粮和猫砂。猫咪为了标记地盘和消解压力，磨爪子的行为会变多，家里可能会因此变得一团糟。如果扫除做得不彻底，猫毛、呕吐物和灰尘就会在家中泛滥，大量的猫尿和猫粪会散发出刺鼻的气味。4～9只恐怕就是猫咪与人类共处一室的极限了。

大多数情况下，在日本一个家庭养猫养狗数量总计超过10只，便需要向地方自治体提出申请。想在家里管理好这么多宠物是非常困难的，容易导致"动物围积症"等不良状况的发生。家里被猫咪占领后，人类反而失去了容身之所，就连在家里吃饭都成了一大难题。饲主开始出现对猫咪过敏、被猫叫声吵得睡不着觉等情况。由于刺鼻的恶臭和不良的卫生条件，人和猫的健康状况都开始变差。解决方案之一是把猫咪集中在一个房间里饲养，但这样一来猫咪的食物和排泄物都混在一起，反而增加了健康管理的难度。这样的生活状态已经很难再称为"与猫同住"了。

家里每多1只猫，
居住面积就要增加10平方米

与好几只猫同住的前提

1 对居住面积的最低要求

1猫 + 1人 = 20m²

1猫 1人 20m² + 每增加(1猫)×10m² = 最低居住面积

2 对生活空间的最低要求

1猫 至少2个生活空间 =

3 对房间布局的要求

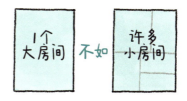

1个大房间 不如 许多小房间

与好几只猫咪生活在一起，请留意以下3点。对猫咪来说，再小的空间也是一个空间，因此哪怕是柜子里面，或是一个猫窝，也能算作一个独立的生活空间。如果能有一个包围感强、不容易被别的猫咪骚扰的小空间，猫咪待在里面就会觉得很踏实。

在 一个狭小的房间里养好几只猫，猫咪们很容易打架。在这种环境下，猫咪之间的关系瞬息万变，肢体冲突非常频繁，空气中时常弥漫着"杀气"，随处尿尿和磨爪子的现象异常增多，也经常能听到猫咪之间极具攻击性的叫声。由于气氛过于压抑，猫咪和人类都变得容易生病，很难维持一个健康的居住环境。和猫咪住在一起，对居住面积是有基本要求的，"1人+1猫"至少要达到20平方米。在此基础上，每增加1只猫咪，对居住面积的需求就会扩大10平方米，这个面积里还不包括那些只有人类可以使用的房间。人类由于经常外出，在家的时间比较少，就算多一个人同住，对猫咪们来说也不是什么大问题。猫咪们会立体地使用家里的空间，如果觉得面积不够，就把地面和靠近房顶的空间有效利用起来吧。另外，在面积相同的情况下，比起一间大屋子，许多个小房间更容易让猫咪们和睦相处。

133

人与猫咪的信任关系——
猫咪之间会争夺人类，也可能会冷落人类

与多只猫咪同住的心得

哪只都要照顾到

猫咪变多以后，花在每只猫咪身上的时间就变少了，想要"一碗水端平"是很困难的。每只猫咪需要的爱是不一样多的，而对于猫咪对我们的爱，我们也要努力回应才行。从这个角度讲，控制好家里猫咪的数量也是很有必要的。

请理解猫咪们想要独处的心情

猫咪变多以后，可能猫咪们自己玩得太开心了，渐渐地就跟人类不亲了。特别是家里有一个房间专门给猫咪居住的情况下，猫咪们可能只当你是"那个给饭吃的人"。如果想要"心灵相通地一起生活"，就要想办法增加在一起互动的时间和空间。

与好几只猫咪同住，除了要考虑猫咪之间的关系外，猫咪和人之间的关系也不容忽视。有时候，猫咪之间也会因为过于喜欢人类而发生争执。由于猫的智力相当于3~5岁的人类，猫咪也有嫉妒之心，并会因此耍性子或干出一些让你不爽的事情来。特别是当你把一只陌生的幼猫领回家时，由于你的注意力全被幼猫吸引，一直以来与你同住的猫咪们心里是不好受的。即使是成年猫咪之间，也可能为了喜欢的人类而展开争夺。另一方面，家里的猫咪一旦超过1只，就会自动形成"社会"。如果新成员和原住猫意气相投，那么当它们凑在一起时，恐怕就没有人类什么事了。对猫咪来说，能交往的对象变多以后，能分给每个对象的时间也是越来越少的。新领一只猫咪回家，有时反而会让人类和猫咪之间"越走越远"。

已经有1只或3只了，想再领养1只应注意什么

迎接新猫咪的正确做法

步骤 1

将猫咪接回家之前应先在宠物医院接受血检并接种疫苗。如果发现有跳蚤或耳螨，可以用药物处理。如果不得不在去医院之前就将猫咪领回家，请务必做好隔离工作，并尽快前往医院。

步骤 2

新猫咪应安置在原住猫生活空间以外的房间里。前两三天不要让它们见面。让原住猫通过声音和气味了解到家里来了新猫咪。

步骤 3

用毛巾盖住新猫咪的笼子，或隔着门，让它与原住猫彼此熟悉。这时原住猫会"哈"新猫咪，并不肯靠近。观察几日，直到恐吓行为消退。

步骤 4

在人的监护下，让新猫咪在家里自由活动。如果原住猫闻了新猫咪的肛门，并蹭它的身体，说明它已准备好接纳这个新成员；如果原住猫继续恐吓并驱逐新猫，请返回步骤2继续观察。

步骤 5

逐渐增加新猫咪在家里自由活动的时间。如果新来的是幼猫，原住猫往往在几天或几周内便会适应；如果是成猫，适应期有时长达几个月甚至几年，请耐心应对。

领新猫咪回家时，需要我们格外用心的是家里已经有1只或3只猫的情况。对于"独惯了"的1只猫咪来说，新成员的到来会让它觉得自己的地盘和人类都要被抢走了，并因此承受很大压力。另外，吃饭问题如果不能做到分开管理，贪吃的那只会把另一只的粮也吃掉，导致一只越吃越胖，一只越来越瘦。为了猫咪的健康着想，猫粮一定要分开给，不过这样一来，爱剩饭的猫咪和铲屎官就得多受累了。而对于已经有3只猫咪的家庭来说，新成员的加入意味着有一只猫咪大概率要落单了。如果担心的事情真的发生了，要么把猫咪隔离在不同的房间，要么就只能为落单的猫咪找个新家了。然而领回家了就是一家人，我想任何人都是不愿走出这一步的。在领新猫咪回家之前，请一定要慎重考虑。

专栏❿

关系突然恶化！石丸家也曾有过这种『灾难』

在5只猫咪相安无事的"平井猫之家"，也曾发生过斑点和三毛突然把关系闹僵的事件，一时间，我甚至产生了放弃和5只猫咪同住的想法。

家里的猫咪一旦超过3只，就会分化出1只猫老大、1只地位最低的落单猫，以及其他普通猫咪这种社会结构。超过10只的话，猫老大和落单猫的数量可能会分别变成2只。不过，如此形成的社会等级，可能因为一件小事或猫咪数量的变化就遭到颠覆。另外，由于任何不好的体验都会给猫咪造成严重的心理阴影，猫咪之间一旦结下梁子，是很难拔掉心里那根刺的。

自从斑点跟三毛翻脸后，家里始终弥漫着紧张的气氛。斑点一见到三毛，就像看到猎物一样扑上去死死抓住不放，又是咬又是薅毛，眯成缝的眼睛里充满攻击性，就算呼喊它的名字也毫无反应。三毛从此整天躲在高处不敢下来，有时甚至被吓得大小便失禁，然后仓皇而逃。当时猫咪里地位最低的是奶牛，因为看到了翻盘的机会，于是也加入了战争。转眼间，就变成三毛垫底了。

在它们刚闹出矛盾那阵子，我尝试了好多方法，包括药物、补充剂、费洛蒙剂、互相交换气味等，但都没有效果。为了避免三毛被堵在死角里，我增加了房间里的"逃生通道"。我还让斑点和三毛一起玩"狩猎游戏"，一起吃零食。一是为了让三毛找回自信，二是想尽量增加它们在一起时的快乐体验。情况这才有了些许好转。而最终真正起效的方法，是"隔离""行为限制"和"服药"。

有一天，斑点把三毛的眼睛挠出血了。因为觉得太危险，大约有一个月，我把斑点隔离在了家附近的另一处地方。看到隔离后剩下那4只猫悠闲度日的样子，我的心情非常复杂。给斑点换一个家问题就解决了，可我实在不想跟已经是家人的猫咪分离。为了能继续在一起生活，我尝试了所有可行的方法。

关系好的时候

（年龄：2018年数据）

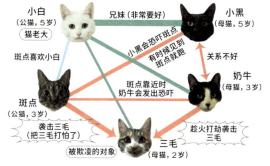

小白
（公猫，5岁）
猫老大

小黑
（母猫，5岁）

兄妹（非常要好）

斑点喜欢小白

小黑偶尔恐吓斑点

小白经常凶奶牛

关系不好

奶牛
（母猫，3岁）

有点受排挤

斑点
（公猫，3岁）

斑点经常袭击奶牛

关系不错
（一起捣蛋）

关系普通

三毛
（母猫，2岁）

: 关系不错
: 关系普通
: 关系紧张

关系最紧张的时候

小白
（公猫，5岁）
猫老大

兄妹（非常要好）

小黑
（母猫，5岁）

斑点喜欢小白

小黑会恐吓斑点
有时候见到
斑点就跑

关系不好

奶牛
（母猫，3岁）

斑点
（公猫，3岁）

斑点靠近时
奶牛会发出恐吓

袭击三毛
（把三毛打怕了）

被欺凌的对象

趁火打劫袭击
三毛

三毛
（母猫，2岁）

首先是行为限制。我会让斑点暂时待在笼子里，或是给它套上牵引绳，限制它的活动范围。之后，我会根据它的状态逐渐增加自由活动的时间。就是从这时起，三毛变得能接近斑点，并能"拍打"它为自己出头。

情况真正改变是在给斑点服药以后。我给斑点服用了"氯米帕明"，这种抗抑郁药能增加大脑里被称为"幸福荷尔蒙"的血清素，降低攻击性。我开始反省为什么没有在事态恶化之前早一点给它吃药。起初我担心会有用药产生的副作用，不过在兽医的指导下服药后，斑点只是睡得比平时多了，其他一切正常。药不会一直吃，症状减轻了就减量，最后停药。

大约一年半以后，5只猫咪回到了与当初接近的关系，但也不是完全没有变化。由于其他4只猫还清楚记得那段痛苦经历，反而是曾经的"霸凌者"斑点垫底了。不得不说，猫咪的关系里有着太多无法被人类挽回的东西。早知道超过3只就可能有1只落单，在收养第4只的时候我就应该给它找个新家了。相比让家里的猫咪多起来，思考如何让眼前的猫咪过得幸福，也许才是让我们自己和猫咪都获得幸福的最好方法。

首先要找出不当行为的原因

❥ 猫咪的所有行为都有其理由

你 是否发现，猫咪的那些"不当"行为，似乎只有在人类眼里是不妥的。可以肯定的是，猫咪所谓的"捣蛋"并非想给人类找麻烦，它们的行为都是有自己的理由的。事实上，猫是一种非常懂得顺应本能、懂得怎样做才是为自己好的理性动物。虽然猫咪也能学会一些规矩，但想彻底驯化它们应该是不可能的。因此，不妨将这些"捣蛋"理解为习惯了户外生活的猫咪正在努力适应和人类一起生活的本能行为。这样一来，如果不想猫咪在家里闯祸，就应该由我们主动来避免这些情况的发生。我们首先要仔细观察猫咪的行为，看看它们是在什么时候、在什么情况下做出不当行为的。总结出规律以后，就可以有意识地从家里消除掉那些会让猫咪"捣蛋"的因素了。如果实行起来实在有困难，不妨从住宅的功能方面着手做出改善。

喵喵喵大合唱，停不下来的半夜猫叫

如果实在不消停……

隔绝声音

喵喵

使用吸音材料，防止声音扩散

猫咪爱不爱叫跟品种和性格有关系，有的猫咪叫起来甚至能让邻居也不得安宁。装修时可以在吊顶、墙壁及地板的内侧加入隔音或吸音材料，防止声音向四周扩散。如果是在装修好的墙壁外侧加装隔音、吸音材料，由于这类材料大多是棉质或海绵质地的，为了不让猫咪抓挠，需要在最外层做好防护处理。

地面利用缓冲材料提高隔音性

住在多层多户住宅里，猫咪跑动的声音是会传到楼下的。如果你家猫咪喜欢在半夜跑动，或是自己对声音比较敏感，可以选择具有隔音功能的地板材料。实木地板里面也有能隔音的款式，还有偏厚的软木地砖、地毯、传统的榻榻米，这些也都是隔音性能优异的地板材料。

隔绝声音……

半夜猫叫的原因有很多种。猫咪属于"薄明薄暮"（黎明和傍晚）的动物，在猎物经常出没的日出、日落时最为活跃，但如果入夜后体内能量仍未耗尽，就会自主举办"午夜运动会"。不想让它们"体能过剩"的话，傍晚时来一场"狩猎游戏"，让它们晚上睡个好觉吧。清晨也是猫咪的狩猎时间，因为肚子饿了，一个个都闹着要吃饭。对此，可以尝试在夜里启用自动喂食器。半夜猫叫的另一个原因，是猫咪想要外出。有的猫咪即使做了绝育手术，也仍然会发情。这时候，一丁点来自周围异性或是同辈猫咪的气息，都能让你家猫咪按捺不住地想往外跑。因此，尽量减少外界对它的影响吧（详见第118页）。此外，刚领养的猫咪因为不适应新环境，夜里也会"吼"两嗓子，习惯了就好了。如果猫咪吵闹的原因是想进卧室，而你又不愿让它们进来，那么睡觉时就把它们安置在远离卧室的房间里吧。

第四章 与猫同住应用篇"让生活更幸福"

咬，咬，咬!
不管什么都要咬一咬

猫咪爱咬东西怎么办

胶带

如果咬的是东西……

实在不想让它们咬的话，可以在那个地方喷一些柑橘味喷剂，或是用胶带缠起来，让猫咪"讨厌那里"。另外，光滑的东西因为不好咬，很少有猫咪会咬。

如果咬的是人……

猫咪攻击人类一定是有原因的，比如把路过的人类的脚当成了猎物，或是因为受惊所以拿人类出气，总之就算你没有做错什么，也可能挨咬挨挠。对于攻击性强的猫咪，可以用"狩猎游戏"来转移它们的注意力，不但能疏解压力，还能让它们明白和人类在一起很开心。

猫咪有时候会咬东西，也会咬人。如果是幼猫因为牙痒想要咬东西，咬过之后就踏实了。咬电线的话会触电，最好用电线软管将电线包起来。咬人的脚脖子，可能是因为被走过的人类吓到了。如果把人的手和脚当成猎物来咬，请用玩具转移目标，然后陪它们一起玩。如果是因为被"撸"烦了所以咬人，就要弄清楚你家猫咪身上不愿让人碰的部位，并把握好摸猫的时间。猫咪有求于你的时候也可能咬人，这时如果回应它的需求，只会让它觉得咬人有用，因此被咬后要马上告诉它："我很疼!"并暂时不予理睬。如果被咬后用零食转移猫咪的注意力，会让它觉得咬人就能吃到零食，然后它便会没完没了地咬人，所以千万不要这样做。

如果猫咪无法停止咬东西的话
建议在家里使用安全涂料

无味柿漆

柿漆是将未熟的青柿子（涩柿子）捣碎后与酵母、水混合，发酵数年后制成的漆液。柿漆自古便作为防腐剂被涂抹于木材之上，由于是纯天然成分，无须担心会危害猫咪的健康。柿漆具有很好的抗菌、防腐、防虫和防霉的性能，但防水性能一般。过去的柿漆有一股难闻的味道，但日本品牌"Turner色彩"出品的"无味柿漆"已将其中的异味成分除去。使用时，随着涂抹次数的增加，漆面颜色会由红棕色变成黑色。

植物油天然涂料

关注环境与天然成分的德国品牌"AURO"出品了多种天然涂料，其中比较值得推荐的就是"AURO130"。因为是用植物油（葵花籽油、大豆油、蓟籽油）制成的，"AURO130"被誉为是一款"对人体及动植物都很安全"的涂料。在涂漆效果方面，"AURO130"既能做到透过漆面看到木纹，也能用漆面掩盖木纹。此外，丰富的可选颜色也是该款涂料的一大魅力。

黄油牛奶漆

由美国品牌"Old Village"生产的使用牛奶成分及天然颜料的水性漆，因其达到"可以涂在婴儿床上的安全性"而广受赞誉。干燥后拥有防水性能，室内外都能使用。黄油牛奶漆可以涂在各种地方，包括木材、壁纸，以及刷过底漆的水泥墙和金属上。这款涂料的可选颜色也很丰富、很齐全，特别是复古风格的"美式颜色"。

米糠漆

以米糠为主要原料，由于未使用溶剂，厂家保证"婴儿舔了也没关系"。给木材刷这种漆，相当于给木纹做了"涂油处理"。米糠漆虽然不防水，但是能做到不沾水。因为含有油脂成分，猫咪很喜欢它的味道，有时候刷到一半或是刚刚刷完，猫咪就已经开始舔了。

【 啪嗒，啪嗒，啪嗒！ 不管什么都要打开 】

能开家里的门

因为想进去，就开了门。大多数人家里的门把手都是"手柄型"，如果把它改成"球型"门把手，由于需要先"握住"再"拧一下"才能打开，猫咪就打不开了。如果不介意猫咪开门，但是不希望门一直开着，建议安装宠物门或简易自动门。宠物门猫咪需要经过训练才能使用。简易自动门是用现有的房门改装而成的，开门时猫咪可以用前脚或身体将门顶开，之后门会自动缓缓关闭。如果猫咪开门是为了找门后面的某个东西，也许只要把那个东西拿出去给它，问题就解决了。

拉门的话，可以安装一个简易锁，这样既不损害拉门的便捷性，又可以防止猫咪打开。推荐使用"双向指旋锁"或"双向按压锁"，装好以后看上去也很利落。如果门上原本没有锁，又想在不打孔的情况下安装门锁，也有很多种简易锁可选，比如滑动锁，只需插在拉门的缝隙里就能使用，还有一键关门锁，粘贴在两扇拉门交错面的横框上，关锁、开锁都很方便。

能开电饭煲

有的猫咪会开电饭煲。我们可以在电饭煲上粘贴儿童安全锁（防开锁扣）。锁扣有塑料的和树脂的，电饭煲上建议使用树脂的。这样一来猫咪一般就打不开了，但是力气大的猫咪多用几次力可能会把锁扣扯坏，顺带把电饭煲打翻在地。如果电饭煲的开闭按钮在顶部，更换成按钮在正面的款式也是个办法。部分新款电饭煲会自带童锁功能。

能开冰箱

对食物有执念的猫咪，会非常在意垃圾桶和冰箱里面装了些什么，并且会想尽办法将其打开。和电饭煲一样，可以为冰箱门加装儿童安全锁（防开锁扣），普通人使用起来也不会觉得太费事。如果想锁得更牢，可以安装进一步的金属锁。

○ 儿童安全锁

○ 简易锁　✕ 踏板式

能开垃圾桶

很多猫咪都喜欢往垃圾桶里窥探并将里面的东西翻出来。如果垃圾桶里的东西猫咪吃了有危险，最好安装简易锁，防止猫咪打开。踏板式垃圾桶，猫咪踩在上面也能打开，盖子够轻的话，用爪子和头就能直接掀开或顶开。即便是感应垃圾桶，只要猫咪能把爪子伸进缝里，就能打开。

能在拉门上开洞

拉门上的和纸，猫爪一挠一个洞。可以替换成加强和纸，或和纸风格的PVC板。加强和纸是用一层薄薄的树脂将和纸包裹在中间，种类很多，第一次购买可以选厚度为0.2毫米的。加强和纸可以用双面胶贴在木架上，颜色和图案都有多种可选。这个厚度的和纸虽然已经是加强型的，但用爪子去挠还是能挠破的，可以改用0.45毫米厚的和纸，同样能用双面胶贴在木架上。如果想要更结实的，还有1～2毫米厚的和风树脂板，树脂板用双面胶简单固定的话会掉下来，可以自己动手钉钉子，想要效果更好看，就得请师傅来家里做精细活儿了。

○ 加强和纸

» 后记

对猫咪的报恩

　　我从小喜欢动物。上幼儿园和小学时，我是班上的饲养委员，不过因为住在职工宿舍里，家里又有人不喜欢动物，所以我一直没能过上与猫同住的生活。虽然不能养猫，我在家里养了金鱼、独角仙、蜗牛和小龙虾，邻居去遛狗的时候，我经常跟着一起去。初三以前，我的志向是成为一名兽医，但当我意识到"如果来看病的动物死了，自己是没有能力安慰主人的"，便放弃了当兽医的想法。后来，我走上了学习建筑的道路，上了大学，读了研究生，进入社会后过着忙碌的每一天，我当时觉得，事到如今自己已经不可能再养猫了。

　　可是，2013年的某天，我在家背后的草丛里遇到了两只眼睛还没有完全睁开、正在"咪咪"叫的幼猫。与小白和小黑的相遇，让35岁的我迎来了命运的巨大转折。我和后来的丈夫一起没日没夜地照顾两只幼猫，它们俩就像我们的孩子一样，和我们成了一家人。就在我好不容易下定决心要为两只猫咪做绝育手术的时候，一只黑白相间的八字脸幼猫"奶牛"出现在我面前，仿佛就是它们的孩子。当时它在停车场里"咪咪"地叫着，周围找不到猫妈妈的身影，于是我便收养了它，让它成了我们家的崽。结果刚到家，幼猫就钻到了地板下面，在家里引起了一阵骚动，不过很快它就跟我们"混"熟了。后来，我又在家背后一栋楼3层的飘窗上，发现了一只下不来的狸花猫幼崽，它便是"斑点"。附近的爱猫人士和消防员在飘窗上搭了梯子，纷纷尝试营救，但谁也抓不到它。结果它自己顺着木板跑下来的时候被逮个正着，从此成了我们家的一员。刚来家里时，斑点就表现出了对其他猫咪更感兴趣而对人类不太感兴趣的倾向，并且动不动就把垃圾桶翻个底朝天，俨然一只徘徊在人类住宅内部的流浪猫。大概是因为我们坦然接受了"它就是这样的孩子"，并且为了它对家里进行了一番改造吧，斑点渐渐和我们建立了信任关系，如今它跟我可亲了。最后，我在家附近的流浪猫投喂点遇到了已经被猫妈妈放弃的弱小"三毛"，它个头明显比兄弟姐妹小得多。因为得了猫咪风寒，三毛的眼睛和鼻子都被分泌物堵住了，身体虚弱得很，我实在看不下去，就把它抱回了家。经过治疗，三毛的眼睛恢复了明亮，但直到现在，它的个头都还跟幼猫一样。

　　就这样，我这个从来没跟猫咪生活过的建筑师，如今变成了生活彻底围着猫咪转，一切事务都和"与猫同住"有关。我的"猫之家设计室"主营以"与猫同住"为目的的房屋改造设计，并会向客户提供相关的DIY建议和小规模的改造施工。2015年，由于不得不搬离以前的住处，我开始走街串巷，见到空房子就跟房东商量"能不能租给我？"。带着5只猫咪想在东京租到房子并不容易，幸运的是，我找到了如今我们居住的这座平房——我的住处兼工作室"平井猫之家"。因为这段"找房难"的经历，我从2016年起策划并运营了"猫之家"系列专题，以便各位铲屎官在出租房里也能和猫咪快乐地生活。2018年，我开设了能让入住者学会如何照顾猫咪的专题"铲屎官猫之家"。因为我本人能提供的出租房源有限，2019年我又新增了寻找与猫同住的房源专题"猫之家不动产"。同时，我也会帮助入住者对房屋进行改造，以方便人和猫咪的生活。

　　2015年以后，我家已经有5只猫咪了，我开始为新救助的幼猫寻找收养者，有一次我甚至带着6只幼猫从东京跑到静冈去投奔它们的新主人。我还做过一年志愿者，暂时替别人照看他们的猫咪。2018年，我从一位老妇人那里接收了一只年老的猫咪，并将它安置在了我开设的猫咪收容所"平井猫之家的邻居"，在那之后也一直关注着它的状况。从2019年起，为了培养出更多既懂得猫咪的健康和安全知识，又能为猫咪提供家装设计的人才，我开办了面向职业建筑师的资格认证讲座"与猫同住顾问"（由日本Life Style协会主办）并担任讲师。所有这些，都源于我在与猫同住的过程中所感受到的我们自身与猫咪的需求。

　　至少在未来10年里，我想我仍然会全身心投入到和猫咪有关的事业中去。猫的平均寿命为15～16岁，我说"未来10年"，是因为我相信现在6岁的小白和小黑一定还能再活10年。然后，当它们离开时，我想我一定会整天郁郁寡欢，什么也不想做吧。所以我要在它们还活蹦乱跳的这10年里，把所有精力都花在和"与猫同住"有关的事情上。为表明决心，自2018年年底起，我已将自己家的名牌更改为"一级建筑师事务所猫之家设计室"。

后记
对猫咪的报恩

　　一直以来，我都想把与猫同住的生活总结成文字，并从几年前起就已陆陆续续地写下一些东西，这次托出版社的福，我的文字得以出版。感谢筒井编辑在多次沟通中提供的宝贵意见，使我可以将原本庞杂零散的内容归纳成一系列简单易懂的话题。感谢插画师风间成美女士为本书绘制了大量精美的插图。感谢细山田设计事务所的藤井设计师把这本书的版面统一设计成了"猫味十足"的圆润风格。感谢为本书拍下大量照片，并在排版中给予我大力支持的"藏出品"（ZOH production）的诸位。还有许许多多在本书的写作过程中给予我帮助的人，虽无法在此一一列举，但我对诸位心怀感谢。我还要感谢今泉忠明老师，很早以前在拜读您的著作时就感觉很有共鸣，这次能邀请您为本书监修是我的荣幸。本书能够出版，与每一位爱猫人士的鼓励是分不开的，谢谢你们。

　　从2019年起，每年的3月22日被定为"樱猫日"。所谓"樱猫"，是指那些接受绝育手术后，在耳朵上剪了一个宛如樱花花瓣尖形印记的流浪猫。其实，这一天也是我的生日。仿佛注定了我和猫咪之间有着不解之缘一样，我决定把这本书日文原版的发行日期也定在这一天。

　　我想，很多人都是在和猫咪一起生活之后，人生才渐渐有了色彩，我也是其中之一。然而，有时就因为一些小小的摩擦得不到化解，人和猫咪渐渐对彼此失去了耐心，与猫同住变成了一件痛苦的事，甚至有人因此就抛弃了猫咪。我家也曾经历过猫咪不和的危机时刻，那段时间一想到恐怕再也不能和5只猫咪一起生活了，我就流下泪来，整天忧心忡忡，不过最终我们还是挺过来了。如果我能尽力减少由猫咪引起的以及猫咪可能遭遇的麻烦，在人与猫咪之间建立起相互尊重的关系，并让更多人和猫咪一起过上惬意的生活，我想，这便是我对猫咪的报恩吧。

» 参考資料

- 『うちの猫が変だ！』（ニコラス・ドッドマン著、池田雅之・伊藤茂訳、草思社）
- 『ネコの行動学』（パウル・ライハウゼン著、今泉みね子訳、丸善出版）
- 『猫的感覚』（ジョン・ブラッドショー著、羽田詩津子訳、早川書房）
- 『わたしのノラネコ研究』（山根明弘著、さ・え・ら書房）
- 『ネコの本』（デヴィド・テイラー著、今泉みね子訳、日本テレビ放送網）
- 『まるごとわかる猫種大図鑑』（早田由貴子監修、学研パブリッシング）
- 『猫のクリッカートレーニング』
  （カレン・プライア著、杉山尚子・鉾立久美子訳、二瓶社）
- 『猫のための部屋づくり』
  （ジャクソン・ギャラクシー、ケイト・ベンジャミン著、小川浩一訳、エクスナレッジ）
- 『ジャクソン・ギャラクシーの猫を幸せにする飼い方』
  （ジャクソン・ギャラクシー、ミケル・デルガード著、プレシ南日子訳、エクスナレッジ）
- 『建築知識特別編集 猫のための家づくり』（エクスナレッジ）
- 『建築知識特別編集 20歳まで猫が元気に長生きできる住まい』（エクスナレッジ）
- 『建築知識 2019年4月号』（エクスナレッジ）
- 『猫と暮らす住まいのつくり方』（金巻とも子監修、ナツメ社）
- 『犬・猫の気持ちで住まいの工夫―ペットケアアドバイザー・一級建築士と考えよう』
  （金巻とも子著、彰国社）
- 『今すぐできる！猫が長生きできる家と部屋のつくり方』（今泉忠明監修、宝島社）
- 『猫脳がわかる！』（今泉忠明、文藝春秋）
- 『ねこほん 猫のほんねがわかる本』（卵山玉子著、今泉忠明監修、西東社）
- 『猫がうれしくなる部屋づくり、家づくり』（廣瀬慶二著、プレジデント社）
- 『ペットと暮らす住まいのデザイン』（廣瀬慶二著、丸善出版）
- 『猫がよろこぶインテリア』（ヤノミサエ著、辰巳出版）
- 『猫がよろこぶ掃除・片づけ』（ヤノミサエ著、辰巳出版）
- 『猫のための家庭の医学』（野澤延行著、山と渓谷社）
- 『イヌ・ネコ家庭動物の医学大百科 改訂版』（山根義久監修、パインインターナショナル）
- 『愛猫のための症状・目的別栄養事典』（須崎恭彦著、講談社）
- 『ねことわたしの防災ハンドブック』（ねこの防災を考える会著、PARCO出版）
- 『図解健康になりたければ家の掃除を変えなさい』（松本忠男著、扶桑社）
- 『ネコちゃんのスパルタおそうじ塾』（卵山玉子著、伊藤勇司監修、WAVE出版）
- 『猫の精神生活がわかる本』
  （トーマス・マクナミー著、プレシ南日子・安納令奈訳、エクスナレッジ）
- 『猫の日本史』（桐野作人編著、洋泉社）
- 『猫のいる部屋』（三オブックス）
- 『ネコの動物学』（大石孝雄著、東京大学出版会）
- 『ねこ色、ねこ模様。』（富田園子著、ナツメ社）
- 『うちのネコ「やらかし図鑑」』（上田惣子著、小学館）
- 『クリマデザイン 新しい環境文化のかたち』
  （村上周三、小泉雅生、クリマデザイン研究会編著、鹿島出版会）
- 『図解すまいの寸法・計画事典』（岩井一幸・奥田宗幸著、彰国社）

图书在版编目（CIP）数据

与猫同住：铲屎官的幸福养猫指南 ／（日）石丸彰
子著；（日）今泉忠明编；丁楠译. -- 广州：岭南美术
出版社，2025. 5. --（万物图解）. -- ISBN 978-7-
5362-8101-1

I. S829.3

中国国家版本馆CIP数据核字第2025ZN3828号

图字：19-2025-027 号

NEKO TO SUMAI NO KAIBOUZUKAN
© AKIKO ISHIMARU 2020
Originally published in Japan in 2020 by X-Knowledge Co., Ltd.
Chinese (in simplified character only) translation rights arranged with
X-Knowledge Co., Ltd. TOKYO,
through g-Agency Co., Ltd, TOKYO.

出 版 人：刘子如
责任编辑：傅淑雯　　张旭凌
责任校对：林　颖
责任技编：谢　芸

sendpoints
善 本 文 化

选题策划：善本文化产业（广州）有限公司
出 版 人：林庚利
主　　编：吴东燕
策划编辑：黄宝敏
执行编辑：黄宝敏
书籍设计：林坤阳　　张子晨
公司官网：www.sendpoints.cn

与猫同住 铲屎官的幸福养猫指南

YU MAO TONGZHU　CHANSHIGUAN DE XINGFU YANGMAO ZHINAN

出版、总发行：岭南美术出版社（网址：www. lnysw. net）
　　　　　　　（广州市天河区海安路19号14楼　邮编：510627）
经　　　销：全国新华书店
印　　　刷：深圳市精典印务有限公司
版　　　次：2025年5月第1版
印　　　次：2025年5月第1次印刷
开　　　本：787 mm×1092 mm　　1/16
印　　　张：10
字　　　数：150千字
印　　　数：1—3000册
ISBN 978-7-5362-8101-1
定　　　价：98.00元